孩子来了

如何度过最艰难的育儿时刻

马梦捷　著

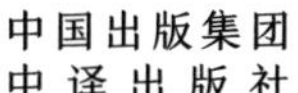

中国出版集团
中 译 出 版 社

图书在版编目（CIP）数据

孩子来了：如何度过最艰难的育儿时刻 / 马梦捷著. -- 北京：中译出版社，2024.1
ISBN 978-7-5001-7573-5

Ⅰ. ①孩 … Ⅱ. ①马 … Ⅲ. ①婴幼儿－哺育－基本知识 Ⅳ. ① TS976.31

中国国家版本馆 CIP 数据核字（2023）第 178689 号

孩子来了：如何度过最艰难的育儿时刻

著　　者： 马梦捷
策划编辑： 刘　钰
责任编辑： 刘　钰
营销编辑： 王珩瑾　赵　铎　魏菲彤　刘　畅
封面设计： 张艾米
绘　　图： 张　静

出版发行： 中译出版社
地　　址： 北京市西城区新街口外大街 28 号普天德胜大厦主楼 4 层
电　　话：（010）68002494（编辑部）
邮　　编： 100088
电子邮箱： book@ctph.com.cn
网　　址： http://www.ctph.com.cn

印　　刷： 北京中科印刷有限公司
经　　销： 新华书店
规　　格： 880 mm×1230 mm　1/32
印　　张： 7.5
字　　数： 140 千字
版　　次： 2024 年 1 月第 1 版
印　　次： 2024 年 1 月第 1 次印刷

ISBN 978-7-5001-7573-5　　　　**定价：** 69.00 元

本书献给董亚梅与马汝仪，

现在我知道了，养育我是多么不容易

照顾好自己，才能照顾好孩子

初识梦捷时，她还不是心理咨询师，只是在“用爱发电”，无偿搬运翻译乔丹·彼得森的心理学视频。后来，她接受了体系化训练，并持续进行自我体验[①]，在督导的帮助下，正式坐在了咨询师的位置上，开始一步一个脚印，踏踏实实地接待来访者。又一年后，在一次偶然的案例讨论中，我惊讶地发现，她的专业水平已超过许多同资历科班出身的咨询师。

几年之后，梦捷做了妈妈，同样经历了各种忙乱与动荡，面临家庭与事业的平衡，她调整状态的速度再次让我感慨，她似乎有种远超常人的能力，可以从零开始迅速切入一个全新的领域，快速度过新手期。

这种能力，对新生儿父母而言，尤为重要。

孩子从出生伊始，便时刻与父母发生着互动。作为父母，这

① 指心理咨询师自己接受心理咨询。

个过程无法拖延、逃避，也无法躲进山洞练成绝世本领再来面对。我们唯一能做的，就是边学边做，快速适应，磕磕绊绊地成长。而梦捷恰好是这方面的高手，在本书中，她讨论了许多新生儿父母都会遇到的现实难题，通过讲解这些难题背后所涉及的心理学理论，结合翔实的心理咨询案例，以及其自身作为妈妈的成长体会，深入浅出地帮助所有新生儿父母度过头几年最艰难的育儿时刻。

更为难能可贵的是，她没有止步于理想化的育儿方案，忽略该方案的执行难度，包括对家长的消耗——无论是金钱、时间、精力、情绪容器等；而是在给出育儿建议的同时，同样重视家长自身的需求，并试图在二者之间寻找一个恰当的平衡，既保证让孩子得到良好的抚养，也避免家长（特别是妈妈）过度的自我压榨，以及无谓的自责与焦虑。

无论你是在犹豫是否要生育子女，还是即将为人父母，抑或已在新手父母的阶段跌跌撞撞地前行，本书都可以帮助你更好地调节自己的身心状态，把控育儿预期，协调更多资源，构建更好的夫妻与家庭关系，进而成为具有自身独特风格的好父母，最终让自己、家庭和孩子都有所收获。

刘昭
心理咨询师
著有《映瞳》《离婚，你准备好了吗》

毫无预警的生活巨变

2021 年末，在经历了 15 个小时的阵痛之后，我把我的孩子空空带到了这个世界上。

在成为妈妈之前，我早已熟读各类育儿书，学习了许多育儿知识，自认为只要将这些育儿知识烂熟于心，我便一定能得心应手地迎接孩子到来以后的生活。在孩子出生之后，我赫然发现，为人父母确实是一段无比绚烂的经历，但在绚烂的背后也有着深不见底的黑暗。然而，之前没有任何人向我预警过，在母亲这份职责的光辉之下，还有着如影随形的黑暗深渊。所以当我猝不及防地掉入这个深渊时，我被困惑、无力与焦虑裹挟，开始了我作为母亲的旅程。

没有一本育儿书详细地提到过我成为新手母亲后将会面临的最大问题是什么，更没有人教过我解决方法。这个最大的问题总结起来就是：我该如何处理“有孩子了”这场生活巨变？拆解开来看，这场巨变所带来的种种难题包括：

- 分娩经历太过痛苦，既对我造成了创伤，也持续地损害着我的亲密关系和亲子关系，我该如何解开心里的这个疙瘩？
- 真没想到，刚生完孩子之后的那段时间里，我体验到的不是喜悦，而是抑郁，这让我无力好好地面对孩子。我到底怎么了？我该如何度过这段沮丧低落的时期？

（对应“如何应对分娩创伤与产后抑郁情绪”章节）

- 虽然管伴侣叫“队友”，但我好像与他进入了“零和博弈”的育儿模式——我们不是在合作而是在厮杀，互相攻击，长时间冷战，亲密关系摇摇欲坠，怎么办？
- 有了孩子以后，夫妻之间性生活的频率直线下降。我们虽然不明说，但双方都知道这是扎在两人心里的一根刺，让彼此渐行渐远。我们该如何恢复往日的激情与亲密？

（对应“新手父母如何在亲密关系中互相滋养”章节）

- 我是高质量育儿的倡导者，我以为自己会对孩子抱有无尽的耐心与爱意，但随着孩子渐渐长大，我好像越来越容易对他挑剔与不满，甚至无可遏制地想要打骂孩子。我感到很愧疚，但又控制不住自己，我该怎么办？
- 我知道自己已经很累了，甚至已经处于崩溃的边缘，但是孩子很黏我，我只能咬咬牙留下来继续陪他，可是我身心俱疲，怨气很大，我该如何取舍？

（对应“如何在亲子关系中照顾自己”章节）

- 我们请了长辈来帮忙带孩子，长辈也确实帮了很大的忙，但家里氛围古怪、明争暗斗，每个人都情绪不好，是什么原因造成的？该怎么改善呢？
- 一方面我很需要长辈的帮忙，但另一方面我也害怕长辈“抢走”我的孩子，让孩子跟我不再亲近。是我想多了吗？长辈真的在抢我的孩子，以及孩子真的会被抢走吗？

（对应“与长辈合作育儿中的心理动力”章节）

- 我的工资水平跟聘请育儿嫂的支出差不多。如果辞职，我担心事业发展就此中断，我再也无法顺利回归职场；如果请育儿嫂，我有点儿心疼费用，还担心育儿嫂对孩子不好。我到底是应该辞职回家带孩子，还是继续工作，用工资来请育儿嫂呢？
- 如果我下定决心聘请育儿嫂来帮忙带孩子，那我怎样才能找到合适的育儿嫂呢？找到合适的育儿嫂以后，我看到她跟我的孩子相处得不错，我心里又不是滋味，我该怎么办呢？

（对应“聘请育儿嫂”章节）

从孩子诞生的那一刻起，你周围的所有人，包括你自己，还有那些你向之寻求建议的育儿书和育儿专家，所有人都把注意力集中在孩子身上，以及如何带好孩子这件事情上。他们告诉你，怎么做才能让孩子的身体健康，怎么做才能照顾到孩子的感受，怎么做才能开发孩子的大脑潜能，等等。当大家把聚光灯聚焦到这些事情时，那个去做这些事情的主体——父母，特别是母亲，却一直被隐藏在黑暗之中，自始至终都被忽略掉了。什么时候人们会重新关注到母亲呢？就是事情出了岔子的时候。比如孩子生病，孩子出现心理问题，孩子学习不好，家庭关系不和谐，这个时候大家就把母亲拉出来批判一通，拿着放大镜，从各种细枝末节中找出她做得不好的地方，这会让本来就已经疲惫不堪、紧张不已的母亲变得更加焦虑。在被批判后，母亲接下来在面对孩子和其他家庭成员的时候，情绪将更为不稳定，甚至“一碰就炸”“歇斯底里”，陷入恶性循环。

我不是说关注这些育儿知识，关注孩子是错的或是不必要的。不，这些关注很好，但是我要说，我们不能在忽略育儿主体的基础上去关注这些内容。如果忽略了育儿主体，不去改善育儿主体本身所面临的问题，那么这些关注只会是无源之水、无本之木，甚至让这些关注本可以起到的积极作用恶化成负面作用。我曾经读过非常多的育儿书，可孩子生下来之后，我面对的仍然是上述问题。本书的目的，就是把目光放回到育儿主体身上，解决育儿主体所面临的常见问题，改善育儿主体的身心状态与亲密关系，从而让你的孩子在情绪稳定、关系和睦的家庭氛围中成长。

近些年，大家对育儿主体的关注还停留在喊口号的层面。“只有妈妈好，孩子才会好”、“Happy wife, happy life”（妻子开心，生活才舒心）、“夫妻关系大于亲子关系”……这些语句已经为各位父母熟知，它们都代表同一个理念，那就是作为孩子的首要照顾者，父母首先要照顾好自己的身心健康、自己的伴侣关系和家庭关系。只有父母的状态好，孩子才能快乐成长。这就像 1 和 0 的关系，心理健康、情绪稳定、关系和睦的父母是 1，而那些繁杂的育儿技巧、育儿建议是 0，只有跟在 1 后面的 0 才有意义，才能起到正面作用。但一旦到了实操层面，大多数人的关注点又都转向孩子，很少有人会追问一句：妈妈怎样才能好？妻子怎么才能开心起来？在面临养育孩子带来的压力时，伴侣关系怎样才能改善？在两代人合作育儿的过程中，家庭关系怎样才能和睦？

这正是本书想要解决的问题。和育儿书不同，本书的关注重点并不在“育儿”上，而是在“调整父母的状态”上。所谓“育儿先育己”，本书的目的是关注育儿主体，帮助父母首先调理好自己的身心状态、亲密关系、家庭关系，让你的孩子成长在一个充满自我接纳、情绪稳定、关系和睦的家庭氛围之中。

既然改变很难，为什么还要改变？

身为心理咨询师，我明白，改变是很难的。前面的那些问题往深里看，体现的其实是一个人如何应对压力源，如何对待自己，如何处理他人愿望与自身愿望的冲突，如何与伴侣共建亲密关系，以及如何在复杂的人际关系中与他人长期合作解决难题……

既然大家已经到了当父母的年纪，那么这意味着很多父母对这些问题的应对模式早已固定，要改变真的不容易。很多人可能需要经年累月的心理咨询、自我觉察，才能使应对模式发生根本的转变。心理咨询从本质上来讲，是一个缔结人际关系的过程。只是这个人际关系非常特殊，它很温和，但也有着明确的边界。它允许你在其中完全坦诚地表达自我，梳理你在别处无法得到释放的情绪，观察自己产生情绪的根源，整合自己内心中产生冲突的各个部分，在经过长久的觉察练习之后，实现应对现实事件的模式转变。

但心理咨询毕竟是一项耗费大、起效慢的长期工程，很多新手父母缺乏时间和金钱资源去参与这项工程。因此本书希望通过与心理咨询相比较少的时间和金钱耗费，运用心理学知识、我在各类心理咨询案例中所积攒下来的经验，以及我作为母亲的亲身观察和思考，帮助新手父母快速认清眼下困境的心理实质，在一定程度上改善应对模式，获得更好的身心状态，建立和谐的亲密关系、亲子关系与家庭关系。归根结底，如果说孩子能从你身上真正学到什么，那么他从你身上学到的也就是你对待自己的方式，以及你面对人生难题时的应对模式。

好了，接下来就让我们直面那些最黑暗的育儿时刻吧，包括：

分娩创伤、产后抑郁

在养育孩子的压力下，夫妻反目成仇、无力沟通、渐行渐远

带娃时怨气十足，控制不住想打孩子

与长辈合作育儿带来的种种憋屈

无法分辨优秀育儿嫂和无良育儿嫂的迷茫

…………

本书致力于帮助你洞察自己的内心，获得应对这些难题的智慧和勇气，让孩子拥有一对即使经历黑暗时刻也能蜕变成长的父母。

注：

1. 让孩子拥有身心健康的父母与和睦的家庭关系，并非母亲一个人的责任。建议父母双方共同阅读本书。

2. 本书涉及多个案例分析，这些案例都已经过隐私处理，不会透露案例的个人信息。

3. 练习题是本书发挥作用的重要内容，它能帮助你觉察自我，整理想法与情绪，进而思考对策。请尽量完成所有练习题，并在必要时与伴侣展开讨论。答案没有对错，它们的作用是带来觉察、理解，然后开启改变。

4. 如果在读完本书之后，你觉得自己仍然需要进行心理咨询，请发邮件至：mengjietherapy@outlook.com。

目录

第 1 章

如何应对分娩创伤与产后抑郁情绪

造成创伤的，更多是分娩时被对待的方式

很多年以来，在大众的印象中，产妇的分娩经历是神秘而骇人的。可能绝大多数未经历过分娩的人，甚至包括那些已经当了爸爸的男人，对分娩的主要了解都来自电视剧里产妇满头大汗、大喊大叫、一脸虚脱的镜头描写。近些年来，关于分娩经历的讨论逐渐多了起来。有越来越多的已育女性站出来，开始诉说自己的分娩经历。我们发现，有很多女性经历了创伤性的分娩过程，直到多年以后创伤带来的情绪起伏仍未平复，甚至隐秘地伤害着她们的亲密关系与亲子关系。

分娩是一个伴随着强烈疼痛的漫长过程，在这个过程中还可能发生很多意外，比如开宫口的速度太慢要打催产素，导致剧烈疼痛；原本打算好顺产，但因为情形所迫改成紧急剖宫产；产后宫缩乏力，造成大出血等。但这些波折并不一定会造成心理创伤。导致产妇心理创伤的原因往往跟产妇被对待的方式有关。

在等待宫口扩张期间，有人陪伴在产妇左右，安抚和鼓励她

吗？还是没有人理睬她，留她一个人在疼痛中感受无助、恐惧和焦灼？

在产妇需要用力娩出胎儿期间，有人为她加油鼓劲，告诉她“做得很好，再坚持一下，宝宝马上就出来了”，还是嫌弃地斥责她“反应太大，不会用力，只知道乱叫”？

在胎儿娩出之后，有人关心产妇的状态，告诉她“不要操心，好好休息，剩下的交给我们”，还是大家一窝蜂去看孩子，让她在震惊和麻木中独自舔舐伤口？

这些对待方式，在很大程度上决定了分娩对产妇来说是否成为一场创伤性的经历。

●●●

案例

章女士曾经因身体免疫问题自然流产两次，现育有一子，孩子已经上小学。尽管已经过去了十多年，但是当章女士对我说起她的流产与分娩经历时，还是忍不住掉眼泪。她说，第二次流产后她在家里默默哭泣，丈夫对此感到不解：“孕周还小，连肚子都没大起来，现在流产了也没什么很大的‘损失’，甚至都没人知道。哭哭啼啼，是不是小题大做了？”

在顺利度过第三次孕期之后，章女士诞下一子。在分娩前后，章女士并未感到丈夫无微不至的照顾。相反，他仍然抱着“不就是生个孩子吗”的态度，对章女士频繁让他跑腿帮忙感到不满。这么多年过去了，那种“在我最无助的时候不被珍视和支持”的感受始终让章女士耿耿于怀。由于章女士从未与丈夫正式谈论过这些感受，所以这十多年里，每一次跟丈夫发生口角的时候，章女士心中的伤口就开始隐隐作痛，给愤怒委屈的情绪火上浇油。

在与章女士交谈过几个月后，她意识到自己仍然对丈夫当年的表现感到愤怒和受伤，而且这些感受在当下的冲突中经常扮演着推波助澜的角色。章女士在花了很长时间与我诉说她内心的痛苦之后，她便能够更为平静地与丈夫谈论关于流产和分娩的创伤。她选择把这些感受告诉丈夫，希望能得到他的理解和道歉。两人参考和使用了第 2 章的“提升沟通质量的公式”部分内容，在沟通公式的帮助下共同愈合了过去的伤口。在过去的伤口愈合之后，“新仇旧恨”终于不再纠缠在一起，他们开始能够更好地应对当前生活中发生的冲突，就事论事，夫妻二人的关系得到了很大改善。

从发现自己怀孕的那一刻起，很多女性都会经历短暂的惊慌，接着开始与幻想中的孩子建立亲密关系，这将为她在孩子出生后建立亲子关系打下基础。而此时，流产，即使是孕早期的流产，也可能伴随着亲密关系破裂和丧失重要他人[①]的强烈感受。因此，很多流产的女性需要经历适当的哀悼过程[②]，才能够

---

① 重要他人是指在成长过程中对个体具有重要影响的人物。

② 哀悼是指允许自己面对、表达并处理由分离或丧失所带来的失望、愤怒、愧疚、悲痛等情绪，从而达到接受现实、重构意义、向前生活的目的。

释然。伴侣的不理解，甚或是贬斥这种对于哀悼的需要，会构成对流产女性的二次伤害。至于在产妇分娩过程中伴侣表现出的轻视态度，更是容易使经历着身心剧烈动荡的产妇受到创伤。本章的下一节内容将讲解如何预防分娩创伤，如果创伤已经形成，并且在持续地伤害你的亲子关系与亲密关系，那么请正视仍在隐隐作痛的伤口，给予自己哀悼与疗愈的机会。在这个过程中，你可以寻求心理咨询师的帮助，也可以参考第 2 章“新手父母如何在亲密关系中互相滋养”中所述的沟通公式，与伴侣携手愈合这道伤口。

掌控分娩过程，预防分娩创伤

如果我们因为在分娩过程中受到创伤而对伴侣或孩子抱有无意识的怨气，那么这会持续地损伤我们的亲密关系和亲子关系。最好的解决方案是防患于未然。如果你还没有分娩，或者快要经历下一次分娩，那么可以提前做一些准备，有意识地掌控自己的分娩过程。

分娩是一个让人感到脆弱和失控的过程，但这并不意味着我们什么都不能做。事实上，我们仍然可以做很多事情来正向地影响我们的分娩体验。首先，你可以在备孕阶段就考察几个妇幼医院或者医院产科，并询问医生以下问题。

1. 该医院是否使用无痛分娩技术？

尽管打了麻药之后并非完全“无痛”，但可以大大降低第一产程的痛苦，这是一项对产妇非常友好且安全的技术。

2. 该医院的无痛分娩率为多少？

在很多医院里，麻醉医生是稀缺的。问这个问题意在考察这家医院里医护人手够不够用，即“进入第一产程了，但是要排队等麻醉师，轮到我打麻药时宫口都开完了”的情况多见吗？当年我询问这个问题时，医生给我的答复是：“我们医院的无痛分娩率为 99%，只要你不是急产导致来不及打无痛，都会给你打。”听到这个回复，我才放心地在这家妇幼医院建卡。

3. 该医院是否提供导乐服务？

“导乐”不同于产科医生，通常由具有分娩经验的女性担当，她主要负责在整个分娩过程中持续为产妇提供身心和情感支持。有一位经验丰富、坚定又乐观的女性支持产妇，能够极大地增强产妇信心，改善分娩体验。我还记得我在待产时，待产室里产妇此起彼伏的呻吟声让我感到十分慌张，对于自然分娩毫无信心，总觉得自己肯定生不了。我的导乐杨女士坚定地告诉我：“不要被别人的喊叫声影响，你可以的，要对自己有信心。”在第二产程期间，她全程指导我何时该用力，何时该休息，在我用力时为我加油鼓劲儿，在我休息时安抚我的情绪。她就像一枚定海神针，在惊涛骇浪里指导我安全无误地完成了人生中第一次分娩。在分娩结束后，我虽然很虚弱，但很认真地对她说：“谢谢你。”

4. 该医院是否允许分娩过程中丈夫全程陪同？

在这个问题上，我个人的偏好是希望丈夫全程陪同。我并不担心空爸看到分娩中的我会觉得“丑陋”或者“吓人”，相反，我认为我的身体在经历一个伟大而艰难的自然过程，不管呈现出什么样子都值得敬佩。我希望空爸在场，是因为我想让他参与孩子诞生的过程，同时也为我提供安抚和鼓励。如果你也有同样的希望，那么可以考察医院是否允许丈夫陪同。

在怀孕早期，你可以找一个在这些问题上令你满意的医院建卡。如上文所说，在分娩过程中可能会发生各种意外，但这并不意味着我们对整个分娩过程完全无能为力。除了考察上述问题以外，我们还可以把期待明确地告诉伴侣：

> “我对于分娩非常忐忑，对于暴露自己的身体也很羞怯。我知道整个过程是由我来完成的，但希望你能在我疼痛时安抚我，在我惊慌时鼓励我。不要在我等待分娩期间离开医院，让我找不到你，更不要跟我拌嘴、抬杠，或轻视我的感受，嘲笑我的身体。
>
> “另外，选择顺产还是剖宫产，是否选择无痛分娩，都应该由我根据医生的建议来做决定。分娩可能是我一生中最脆弱无助的时候，如果你在这个时候不尊重我的感受，轻视我的需求，我可能会记仇很久。”

有时候伴侣是真的不懂得分娩对于女性的重要意义，从而显得“无所谓”。这时候我们要严肃地告诉他，这是一件非常重大的事情，对我很重要，对我们的亲密关系也很重要。如果你的态度不好，必定会对我们的亲密关系造成损伤，会需要我们日后用成倍的努力来进行修补。

我记得在我怀孕 36 周时，医生提醒我，接下来夫妻两人需要每隔一天做一次核酸检测。因为进入怀孕 37 周以后，随时有分娩的可能。当孕妇感受到阵痛并赶到医院时，如果夫妻二人都有 48 小时内核酸检测阴性报告的话，妻子可以被快速收入病房，丈夫也可以直接进入病房陪伴照顾。如果核酸检测报告过了有效期的话，夫妻二人就可能被卡在病房外面，花费好几个小时等待报告结果。

当晚，我把医生的建议告诉空爸，并让他从第二天开始每隔一天去做核酸检测。出乎意料的是，空爸拒绝了，因为他觉得“太麻烦了，没必要，等真要分娩了，那就在医院当场做一个嘛，在病房外等几个小时也没什么大不了的”。我对他的回答大为震惊，与他爆发了相当长时间以来最大的一次争吵。

很显然，空爸没有意识到这件事对于我的意义。在我眼里，空爸拒绝每隔一天做核酸检测意味着他并不重视我即将到来的分娩。他并不想随时做好准备，在我的待产期间照料我。这约等于他不是一个我在脆弱时期能够依靠的伴侣，根据这一点，我进一步推导出：我瞎了眼，进入了一段根本不该进入的婚姻，还有了孩子。

空爸当然不知道在他拒绝提议的那一瞬间，我潜意识里轰鸣而过的这些想法。他只看到我突然发怒，高声责问他：“就让你干这点儿小事，你都不愿意？！我怀胎 10 个月，承担了那么多辛苦，你就只是需要每隔一天做核酸，竟然还在这儿叽叽歪歪？！”

空爸说，他就是觉得在 37 周分娩的可能性不大，没有必要“大动干戈”。他想从 38 周开始再每隔一天做核酸。经过一番争吵后，空爸终于意识到，我们共同为分娩做好准备这件事对我的意义有多么重大，以及他对于做好准备的抗拒在我眼里意味着什么。于是他查好公司附近的核酸检测点，并保证按照医生的建议每隔一天做好核酸检测。我把那些令我情绪激动的想法说出来后，他也向我道歉，并表示一定会承担起一个可靠伴侣的责任，在待产期间悉心照顾我。这一点他后来确实做到了。

除了低估分娩对于女性的重要意义以外，男性伴侣有时候也会因为对分娩过程感到胆怯和恐慌而想要“临阵脱逃”，或者想通过说几个笑话、抖几个机灵来“缓和气氛”。

我记得在分娩过程启动后，我进入了一个 7 人病房待产。正在我忍受阵痛时，隔壁床搬入了一位已经破水的产妇和她的丈夫。隔着帘子，我听见她的丈夫时不时地开玩笑。他一会儿说，产房里产妇此起彼伏的呻吟声像杀猪一样，一会儿又说妻子穿上病号服的模样像是“一个老太婆”。也许这位男士是想用讲笑话、抖机灵的方式来缓和自己和妻子的紧张情绪，间接地表示“别紧张，没什么大不了的，你看我这不还在开玩笑呢嘛”。可是他的玩笑可能是产妇最不需要的东西，毕竟在承受 10 级疼痛、担忧自己和孩子会不会出现意外时，没几个人有心情享受玩笑。他的妻子果然很生气，对他怒骂不止。空爸则在帘子后面偷笑说：“这位老兄真是以一己之力，提高了产房里其他丈夫的陪产水准。”

男性对妻子的分娩过程感到焦虑是正常的，只是需要用更成熟的方式来缓解。比如坦诚地告诉妻子："我对你即将分娩这件事也感到焦虑。因为我从没见过这样的场景，我觉得有点儿吓人，还有点儿想落荒而逃。但尽管有这些感受，我在行动上仍然会尽全力照顾好你。我们会一起顺利度过这场人生大事的。"

此外，男性可以事先了解分娩过程，尽量让自己在亲临现场时不会"少见多怪"；还可以把注意力集中在"我可以为产妇做些什么"上，通过掌控可以掌控的事情来缓解自己的焦虑和无力感。比如在待产期间，空爸时刻注意着胎心变动，告诉我一切都很好，别担心。他还准备了食物和水，随时为我补充体力。这些都是可以照顾到产妇的实事。当男性伴侣关注这些他能够掌控的小事时，对于分娩的焦虑感便会下降。

拥有良好的分娩体验，将会为亲密关系留下浓墨重彩、意义非凡的一章，也让亲子关系有一个温暖的起点。如果在分娩过程中夫妻二人结下了梁子，那么在往后共同承受育儿重压时，"新仇旧恨"一起涌上，将使矛盾变得更棘手。

【练习 1.1】 关于分娩的沟通

如果你们仍处在孕期，请回答下列问题：

1. 你对伴侣在分娩过程中的表现有着怎样的期待？请直白且全面地描述。

____

____

2. 问一问伴侣对于即将到来的分娩有什么感受吗？好的感受（期待、激动等）和坏的感受（焦虑、想逃避等）都可以说，也请伴侣说说他产生这些感受的原因。

____

____

如果孩子已经出生，但你对于分娩过程中丈夫的表现有所不满，那么请回答下列问题：

1. 你对于在分娩过程中伴侣的表现有着怎样的期待？伴侣在哪些方面没有满足你的期待？伴侣在哪些方面超出了你的期待？

____

____

2. 问一问伴侣，你在分娩的时候，他有什么感受吗？好的感受（欣喜、感动等）和坏的感受（恐慌、无力等）都可以说，也请伴侣说说他产生这些感受的原因。

____

____

在回答上述问题的过程中，如果你发现自己与伴侣的分歧很大，并且对此仍有难以平复的情绪起伏，那么你们可以参考第 2 章的内容，通过提高沟通的质量来共同探讨如何解决你们之间的冲突并改善亲密关系，也可以寻求心理咨询师的帮助，进行哀悼和创伤修复。

产后抑郁

产后抑郁症通常在分娩后的三四天开始，表现为严重的情绪低落、长时间哭泣、难以照护婴儿、惊恐发作、食欲与睡眠发生重大变化、易激惹、反复出现伤害宝宝或自杀的念头等。如果未经治疗，产后抑郁症可持续数月或更久。

在分娩完成之后，女性体内的孕激素、雌激素水平急剧下降，这是促使产后抑郁症易发的生理原因。当年轻的妈妈在亲密关系和家庭关系中遇到极大的困难时，在生理因素和社交因素的共同驱使下，她有可能陷入绝望，做出极端的选择。

据统计，产后抑郁症的全球平均发生率为 17.7%[①]，这意味着，产后抑郁症并非罕见情况。家人和伴侣需要提高对产后抑郁症的敏感性，一旦发现新手妈妈的症状可能达到产后抑郁症的临床诊断标准，就必须求助医生，否则妈妈和婴儿的安全和健康将

---

① https://rs.yiigle.com/CN211501202211/1368380.htm

会受到危害。

相比达到临床诊断标准的产后抑郁症，产后抑郁情绪更是相当普遍。几乎每一位新手妈妈都经历过情绪低谷。认知心理学流派通常认为，情绪是由想法（或者说“认知”）引起的。不合理的想法会带来糟糕的情绪，要改善情绪，首先就需要改变想法。这通常来说是成立的，但我认为，在产后这段特殊的时间内，情况是倒过来的。产后抑郁情绪有着极大的生理基础，激素变化首先造成抑郁情绪，然后抑郁情绪幻化成各种想法，让人沉迷其中，越想越难过。

我产后一两周时，抑郁情绪开始在心中弥漫。我抱着孩子时经常会想起自己在怀孕期间曾经想做人工流产，放弃这个孩子。如果当时我那么做了，这么可爱的宝宝将在我肚子里多么痛苦地死去！想到这一点，我哭得稀里哗啦。而一旦抑郁情绪消散，回归理性，再来看这个想法，就会觉得根本没必要难过。虽然我曾经对是否要留下胎儿有过动摇，但我从未做过伤害他的事情，在他出生后更是竭尽所能地照顾他，我根本无须为短暂的动摇而感到自责。

很多新手妈妈跟我一样，在月子期间会经历抑郁情绪所幻化成的各种想法。比如帮孩子挑选衣物，在各大平台上比价时，就会冒出这样的想法：“我给自己花钱这么大方，给孩子花钱却抠抠搜搜，我真不是个好妈妈，呜呜呜……”想起这段时间内忙于关注新生儿，跟家里的宠物不再那么亲近了，就会想：“我不仅没有照顾好宝宝，连狗狗都没照顾好，我怎么这么差劲，呜呜呜……”亲戚前来，询问孩子喝奶睡觉怎么样？新手妈妈会想：“所有人都只关注孩子，根本没有人关心我，呜呜呜……”还有妈妈发现孩子在家人或者月嫂手里照顾得很不错，会想：“辛苦怀胎 10 月的孩子，竟然没有跟我特别亲，任谁都能照顾好，好失落，呜呜呜……”

当我们理解在这段时间内，很大程度上是因为抑郁情绪幻化出了各种想法，而非不合理的想法带来抑郁情绪时，我们就会知道，伴侣和家人需要做的不是去反驳新手妈妈的这些想法，告诉她：“你没必要想这么多，你的这些想法都是不理性的。”这类反驳对改善产后抑郁情绪没有太大的帮助，反而会让新手妈妈陷入证明自己的感受是有道理的情绪陷阱。家人和伴侣需要做的是允许新手妈妈表达自己的感受，倾听她的话语，包容她的情绪，做一些力所能及的事情帮助她减轻照顾新生儿的负担，然后静静等待动荡激素的消退，一切便会慢慢晴朗起来。

如果你作为新手妈妈在产后感到情绪低落，易哭易怒，请不要为此责怪自己，更无须感到“一定是因为我很失败或不正常”。要知道，产后情绪低落是以生理变化为基础的常见现象。本章的后几节内容将讲述除了上文所说的激素原因以外，还有哪些常见原因会导致产后抑郁情绪，并讲解如何从根源上解决这些情绪。

睡眠不足

任何人在睡眠不足的情况下都容易变得易激惹、精神涣散和郁郁寡欢，更不用说虚弱疲惫的产后妇女。如果你也发现自己身上出现这些变化，请记住，不是因为你很差劲。你感到疲惫，是因为人类天生的生理机制决定当你睡眠不佳时，身体和情绪自然会出现这些变化。有研究显示，睡眠不足会导致更高的心理压力，而充足的睡眠时间则会给心理健康方面带来益处[①]。很多新手妈妈在产后长达一两年的时间内都遇到过睡眠碎片化、睡眠时长不足、睡眠质量差的问题，并经历了由此带来的一系列情绪困难。很多妈妈甚至说，孩子很可爱，自己也有心生二胎，但是一想到养育头胎时所经历的睡眠被剥夺的痛苦，说什么也不想再经历一遍了。当你在产后很长时间内都暴躁易怒或情绪低落时，请首先排查是不是因睡眠问题引起的，并请务必采取措施来保障睡

① https://www.sciencedirect.com/science/article/abs/pii/S2352721820303259

眠。要像捍卫生命一样捍卫自己的睡眠，因为这很有可能是调节情绪最为经济便捷的方法。

当你尝试保障自己的睡眠时，遇到的最大阻力将来自你自身，比如觉得“宝宝夜里离不开我，我怎么可以走掉呢？宝宝是最重要的，他应该排在我的睡眠需求之前。”

这是妈妈很常见但错误的想法。这种想法之所以难以摆脱，是因为它极大地满足了妈妈的自恋——我被极度需要。如果妈妈在其他方面很少体验到自己的价值被认可、被需要的感受，那么她将尤其容易被这种“在夜间被宝宝极度需要”的感受吸引。这种被极度需要的感觉就像是干柴，点燃并维持着妈妈的自我奉献之火，让妈妈愿意为了孩子燃烧自己，即使牺牲自己的身体和心理健康也在所不惜。在妈妈的无意识幻想里，孩子在夜间离开自己就活不下去。甚至有些妈妈无意识地希望，孩子在夜间离开自己就活不下去。这种无意识愿望包含妈妈对于证实自身巨大价值的渴求。但幻想是幻想，现实是现实。在现实生活中，当你真的把陪孩子睡觉的任务交给伴侣或家人时，孩子会哭泣并抗议吗？会的。但孩子会因此活不下去吗？不会。

除了“被极度需要”的感觉满足了自恋以外，妈妈难以下定决心改善睡眠还有一个常见原因，就是习惯性地对自己的需求理不直气不壮。在遇到困难时，这类妈妈的第一反应不是把自己的需求放在与他人平等的位置上，不是在捍卫和保护自己的同时与他人协商合作解决困难，而是委屈自己、压榨自己，想要先默默地把这段时间熬过去再说。

请注意，当我们分析新手妈妈这类行为背后的心理动力时，我们并不是要指责妈妈，告诉她“你错在这里”，而是希望利用对内心的觉察来改善妈妈的情绪，促使她采取行动，改善自己产后的生活体验。上述两个原因，我自己就全占了。自从出月子中心以来，我每天晚上都陪空空一起睡觉，没有一夜与他分离，一共陪睡了一年多。在这一年多里，他每晚的夜醒次数最少 3 次，有时多达 10 次。总有人告诉我，熬一熬就过去了，熬过肠胀气、出牙、大运动发展等，孩子就会睡整觉了。但孩子睡整觉的那一刻一直没有到来。在他 1 岁零 2 个月时，有一天夜里我实在是熬不住了，崩溃大哭了一场。当时，可能是因为依恋母乳亲喂的关系，空空大约每一两个小时就要醒来一次，一定要吸吮上两口母乳，被我抱抱拍拍才肯接着睡。我经常因为要满足他的需求而变得清醒，好不容易快要重新睡着时，他就又醒了。这种睡眠被反复打断的过程堪比“酷刑”。陪孩子睡觉的这一年多以来，我没有一天在早晨醒来时感受过“昨日的疲惫一扫而空，轻松愉快地迎接新的一天”，而是觉得旧日的疲惫又被带进了新的一天，从孩子出生的那天起，积攒下来的疲惫仿佛从早晨一睁眼开始就如同一座大山压在我身上。在这一年多中，我们也尝试过让空爸来哄睡，但空空根本不接受，当空空被爸爸抱过去时，仿佛落入了绑匪手中，哭着闹着要回到我身边。可能是作为母亲的天性，再加上心软的性格，孩子一哭起来我根本没法招架，总是一边埋怨空爸“一点儿用都没有”，一边把孩子接过去，再次回到旧循环里。我也买过一些讲解婴幼儿睡眠的书籍，发现里面的招数不管用后，感到更加挫败了。

正如前言所说，妈妈的心理健康是1，是孩子快乐成长的基石。在长期睡眠不足的情况下，妈妈将更容易发脾气、崩溃、绝望，还会因为无法集中注意力而降低自我效能感。那段时间里，我对空爸无数次发脾气，埋怨他“在我不停夜醒哄娃的时候在旁边睡得那么沉”（其实我的行为不断地传递了一个信息，那就是“你起来也没用，因为你哄不住孩子”，久而久之，空爸就干脆捂上耳朵只管自己睡觉了）。同时，我也为自己在白天无法高效地阅读和工作而焦急不已。直到孩子1岁零2个月我崩溃大哭的那一晚，空爸下定决心，事态必须有所改变。他坚定地说：“你不要再跟他一起睡了。从明晚开始，你要么回爸妈家睡，要么就去宾馆睡，反正出去睡觉，第二天早上再回家。晚上带睡的任务完全由我来做。”空爸不让我在家里的其他房间睡觉，是为了避免我因为听到孩子的哭声会忍不住冲进房间把孩子接过来，让空爸哄睡的努力前功尽弃。

我犹犹豫豫，想了一大堆“万一……怎么办？”，比如“万一空空晚上什么都不肯喝，只要喝母乳怎么办？”“万一空空哭个不停，你哄不住怎么办？”“万一空空留下心理阴影怎么办？”等。空爸说：“这些都不用你管，你要相信我，我会搞定的。”于是在空爸的坚持下，我选择回爸妈家睡觉。经历一年多稀碎的睡眠，能够不被打扰地单独睡上一整晚，仿佛久旱逢甘霖，我这才清晰地意识到“正常睡眠”和“陪娃睡眠”之间的巨大差异。这一年多以来，我白天随便走几步就会身体发酸，好像肩上扛着一座大山似的，但时间一长也就习以为常了。直到我夜间离开空空，睡了几个整觉之后，才突然变得神清气爽，肩上扛大山的感觉一扫而空。直到这时候，我才意识到自己之前有多么疲惫。

在我离家单独享受睡眠的夜晚，空爸哄睡哄得很艰难，奶嘴、拍拍、抱睡、萝卜蹲，什么招数都用上了。头几天确实很熬人，但后来情况越来越好，两个月过去后，空空彻底适应和爸爸一起睡。一到晚上睡觉时间，就知道要去找爸爸做睡前准备。我也早已不再回父母家睡觉，而是留在自己家，在其他房间里独自享受优质睡眠。

告别陪睡任务之后，我仿佛突然清醒了一般，开始思考之前为什么把自己弄得疲惫不堪、怨气十足，从不去想方设法调动资源，分担陪睡重任。我曾经一度埋怨是因为没有人帮我，所以我才会被迫地长期陷在困境里，但现在我知道这不是真的。最根本的原因是我的思维方式出了问题。我沉迷于这个幻想：“孩子在夜里绝对离不开我，只有我才能够满足他在夜间的需求，舍我其谁！”并且在身心状态已经极度耗竭的状态下，继续压榨自己，却从未想过我可以理直气壮地提出要休息，坚定地要求伴侣或家人分担夜间陪睡任务。

我曾经看到一篇不鼓励妈妈将夜间陪孩子睡觉的任务交给家人或育儿嫂的公众号文章，里面写道：“因为出于本能，妈妈会比其他人对宝宝的一举一动更为警觉，更能及时地捕捉到宝宝的需求表现、及时哺乳……宝宝也能够及时地感受到来自妈妈的陪伴与满足，日积月累地彼此磨合与熟悉。不可否认，带娃很累，家人辅助是好心，但‘辅助’不是‘替代’。你交出去的不只是辛苦，还有孩子的依恋。”这种想法很有代表性，即妈妈比其他任何人都更能做好夜间带娃的工作，所以妈妈应该当仁不让地承担起这项任务，如果妈妈不这么做的话，孩子就不依恋你了！

我的观点与这篇公众号推送相左。正因为妈妈对孩子的需求如此警觉，所以很多妈妈陪孩子睡觉时自己很难睡好。孩子稍稍动一动、翻个身、哼唧一下，妈妈立刻就醒了，很可能接下来会入睡困难。很多新手妈妈的神经衰弱就是陪睡的这几年熬出来的。如果由家人或育儿嫂带睡，他们可能确实没有妈妈那么警醒，但只要保障好基本的安全，那么即使在满足孩子的需求时稍稍延后一些，也不会有什么大问题。妈妈晚上睡好了，白天时就更能够包容孩子的情绪，快乐地陪伴孩子，只要妈妈身心健康，在孩子的人生中持续在场，孩子永远都会深刻地依恋妈妈。所以，请妈妈不要担心一旦不陪睡，孩子就不爱你了。

如果你察觉到自己在生完孩子后很长一段时间内都情绪抑郁、脾气暴躁，那么首先要排查睡眠方面的原因。情绪问题一定是由多种因素造成的，但如果睡眠是其中之一，那么就先采取行动改善睡眠，把自己的睡眠需求摆到第一位，像捍卫生命一样捍卫自己的睡眠。

采取行动的第一步，就是通过觉察内心来改变自己的思维方式。要知道，“孩子在夜间离开我就活不下去了”只是你的幻想或愿望。孩子在夜间当然需要被好好照顾，但不一定需要由你来照顾。其次，你有充足的理由来提出好好休息的需求，因为你的身心健康是孩子快乐成长的基石。我从日常的心理咨询工作懂得，我们做妈妈的，如果不挺直腰背维护自己的身心健康，那么这份重担就会落到孩子的无意识当中。我有太多的来访者对母亲的牺牲深感愧疚，想要承担起让母亲快乐起来的重担。这个重担一直压在他们的潜意识深处，让他们不敢洒脱、快乐地生活。所以，不管是出于爱自己的心，还是出于爱孩子的心，我们都要照顾好自己。冷静、平和且理直气壮地与伴侣或家人协商解决方案吧！把自己的身心健康放到首要位置，绝不过度压榨自己，而是与全家人合作分担重任，一起携手渡过难关。

有些妈妈问："我的丈夫白天需要工作，如果让他承担夜间陪睡的任务，他可能白天工作时会很累，这样也可以吗？"

我认为，如果你白天也需要工作，那么答案不言自明。既然你可以做到夜间陪睡、白天工作，丈夫为什么不可以？同样是工作，无论赚多赚少，你的工作并不比你丈夫的工作更低级、更不重要。因此，请坚定地提出分担陪睡重任的需求。如果你是全职妈妈，或自由职业者，白天可以补觉，那么你仍然可以提出夜间由丈夫陪孩子睡觉。因为就像上文所说，你的身心健康是孩子快乐成长的基石，只要你觉得目前的睡眠质量已经威胁到你的身心健康了，那么孩子的父亲就有责任伸出援手，一起分担。如果有孩子的祖辈或育儿嫂能够帮忙，那也是可以的，只要是孩子熟悉的、已经产生依恋的对象都可以。转变的一开始，孩子会抗议和哭闹，但请相信孩子的适应能力，也请相信帮忙者的哄睡能力。也许是几个星期，也许是一个月，孩子就会与新的陪睡者磨合得不错。

还有妈妈问：“其他人陪睡效果不好，他们对孩子的需求没有我敏感，这导致孩子睡眠质量不高。这不是我幻想出来的，是真的！我该怎么办？”

我相信你所说的。一方面，不少妈妈会幻想“孩子在夜间离了我就活不下去了”；另一方面，事实上可能确实没有任何人能够像妈妈一样把宝宝照顾得这么好。就拿我们家的情况来说，空空喜欢摸着大人的耳朵入睡，我哄他睡觉时会躺着任他摸耳朵，让他摸到睡着。有时候半夜他哼唧一下翻个身，爬过来要搂搂抱抱，我就伸出胳膊抱着他，他靠着我很快就又睡着了。

相比之下，空爸陪睡就完全是另一种风格，主打一个父爱如山，一动不动。空爸睡得比较死，空空翻身、哼唧，他都不会轻易醒来。空空夜醒之后要来摸空爸耳朵，摸的时间久了空爸会心烦，就直接伸手把空空推开。空空被推开后会坐起来哭嚎一两声，空爸也不理，就睡自己的。有时空空会自己继续睡，有时他也会感到伤心。就像昨天晚上，空空哇哇哭着下床，跑出房间，就是因为爸爸不哄他而感到委屈了。我在另一个房间睡，被空空的哭声吵醒，心疼得要命，正打算走出房间去责骂空爸，就听见空爸这座沉睡的大山终于醒了，开始哄空空：“空空，快到爸爸这里来，爸爸抱你睡觉。”空空呜呜咽咽地跑回去，没多久，夜晚重归寂静。

我陪睡时，空空晚上睡眠质量比较好，但是因为我对他的需求太过机敏，长此以往我自己的精神就很差。空爸陪睡时，空空睡眠质量没那么好，有时候会因为需求没被满足而感到委屈，但是空爸觉得陪睡对他来说负担比较轻，他可以长期坚持陪睡。这样我也可以好好休息，一个人享受优质睡眠，这让我白天能够神清气爽地工作，心情愉悦地陪伴孩子。这确实是一个各有利弊的选择。

如果你觉得由于长期睡眠质量低下，自己目前的身心状态很差，那么就暂时把陪睡的任务交给值得信任的家人，自己去睡个好觉，几天、几周、几个月都可以，你需要多久就多久。也许别人陪睡时，在满足孩子的需求方面会慢一些、懒一些，但这没关系，恢复你自己的身心健康才是最重要的事情。当你的状态恢复，觉得自己有余力在夜间照顾孩子以后，再考虑是否要重新担任陪孩子睡觉的任务。

如果你觉得实在难以扭转自己的思维方式，那么请想象以下场景：出于工作需要，你下周开始要夜间出差，有两周的时间无法陪孩子睡觉。以此为前提，家人之间如何合作解决孩子晚上的睡觉问题？与伴侣 / 家人 / 育儿嫂协商，在夜间将孩子交与他们照顾。利用这两周的时间，在家中隔壁房间睡觉，或回父母家睡觉，或去宾馆睡觉，这些都是可选项。做任何能让你好好睡觉的事情。放手离开后，你会发现你以为只有你能够做到的哄睡陪睡，在你离开之后，其他人也可以完成，而且还做得挺好。在保障安全和有人安抚的前提下，孩子晚上跟谁睡没有那么重要，至少没有保障妈妈的身心健康那么重要。

如果阅读本书的是新手爸爸，那么请记住：当你发现妻子当了妈妈后“性情突变”，或者“一孕傻三年”，一定要首先考虑妻子长期睡眠不足的可能性，并承担更多夜间带娃的责任。这对于保护整个家庭和谐以及维系亲密关系都有好处。

【练习 1.2】 首先保障自己的睡眠需求

1. 满分为 10 分的话，你给自己目前的睡眠状态打几分？___

2. 如果目前的睡眠状态对你造成了困扰，你认为主要的外在原因（即孩子、伴侣和家人）有哪些？内在原因（即你的想法、性格）有哪些？

外在原因：________________________________

____

内在原因：________________________________

____

3. 如果你急需改善睡眠，那么就当作自己接下来要夜间出差，没法陪孩子睡觉，在这个基础上和伴侣或家人协商一个解决方案，比如周五到周日晚上由爸爸带睡，并尝试坚持一个月。

解决方案：________________________________

____

4. 尝试时间：从__月__日到__月__日，我将和________合作尝试上述方案，以满足我的睡眠需求，改善我的身心健康。

母乳喂养困难

尽管大家都知道，喝配方奶粉的婴儿也可以健康长大，但绝大多数新手妈妈都想尝试母乳喂养，因为“我想给孩子最好的”，这种想法在孩子刚刚诞生的那段时间尤为强烈。我总觉得这有点儿像上学时从文具店里买到一本爱不释手的新本子，在新本子的第一页上写的字一定要漂漂亮亮才行。第一页的字写得好不好看，仿佛决定了以后整本的内容质量。

其实，当妈妈是一个很漫长的过程，这个过程一直延续到我们生命的终点。把时间拉长来看，在开头的那几个月给孩子吃母乳还是奶粉，并没有那么重要。从营养上看，母乳确实优于配方奶粉。但有些妈妈的母乳喂养之路充满艰辛：她们经历了堵奶、乳腺炎、乳头皲裂等情况，哺乳时疼得龇牙咧嘴，完全无法把哺乳当作母子联结的温暖时刻来享受。发生这种情况时，你可以求助专业的母乳喂养顾问和医院的乳腺科 / 母乳喂养科。如果在某个时间点，你实在无法忍受，决定放弃母乳喂养，请不要为此指责自己，更不要给他人为此指责你的权利。

新手妈妈容易把母乳喂养看得很重，一方面是因为上文所说的“开篇完美主义”，另一方面也是因为在潜意识中，母乳代表着“哺育孩子的能力”。我还记得在刚生完空空的一周后，我开始陷入产后抑郁情绪。当时，空空每顿需要吃的奶量比我能够提供的母乳量大一些。我一想到自己的奶不够孩子吃就难过得直掉眼泪。

我说：“我连自己的孩子都喂不饱，是不是说明我做得很差劲？”

空爸则一脸无所谓：“不会啊，母乳不够吃，给他吃奶粉就好了，我们买奶粉不就是为了喂饱他嘛。”

然后我哭着说：“可是在古代，我的孩子就饿死了！呜呜呜……”

空爸非常不解：“可是我们现在不是古代啊，有什么好难过的？”

我在怀孕期间就关注了很多个母乳喂养相关的微信公众号，每天给自己灌输“母乳是孩子最天然优质的食物”“母亲的泌乳量和孩子的需求是天然动态平衡的，只要方法对，就一定能追奶成功”等观念。空空生下来没几天，开始显示出新生儿黄疸的症状，好几周都没有消退。月子中心的护士认为，这跟空空吃纯母乳有关（即母乳性黄疸[①]），只要黄疸值保持在临界值

① 母乳性黄疸是指母乳中的某些营养物质增加了胆红素在婴儿肠道中的吸收，使婴儿的黄疸消退更慢，可能会持续 3 至 12 周。在这种情况下，既可以通过增加母乳喂养量，多吃多排来改善症状，也可以通过暂时改为配方奶喂养，来加速黄疸消退。

以下，那么总体来讲并没有什么害处，但如果我为此很担忧的话，也可以给他喝奶粉，这将有助于黄疸快速消退。在喝奶粉期间，把母乳吸出来并冻起来，等黄疸消退后再换回母乳就可以了[①]。

我很犹豫，因为之前自己看了太多奶粉的坏处，比如母乳量会因此掉落，从此以后就追不上孩子的胃口；过早添加奶粉，会引发孩子以后对牛奶过敏；或者孩子会出现乳头混淆[②]，从此拒绝母乳亲喂等。去医院做儿保时，我就这个问题询问了好几个医生。不同的医生针对这种情况给出的回复也是五花八门。

儿科医生说，空空的黄疸还没到照蓝光的程度，先吃几天配方奶，看看黄疸值会不会降低；

母乳喂养科医生建议立刻让孩子吃回纯母乳，因为如果孩子长时间不吸吮乳房，泌乳量就会下跌。

医院护士则说那就配方奶和母乳混合喂养吧。

当时我听得晕头转向，又恰好处于产后抑郁情绪浓烈的阶段，心里一会儿担心黄疸值居高不下会对孩子有害，一会儿又担心孩子喝不到母乳，吃不上“最好的食物”，整天焦急不已。现在想来，何至于此！其实采取任何一种方案都是可以的。最后我听取了月子中心护士的建议改以奶粉喂养，并将母乳吸出来冷冻，大约一周后空空的黄疸值就消退了。但因为我过分执着于

---

① 这段话不构成医学建议，如果宝宝有黄疸，请咨询医生。

② 乳头混淆是指由于用奶瓶喝奶与在妈妈的乳房上喝奶时吸吮方式不同，婴儿在接触了奶瓶后，拒绝再去吸吮妈妈的乳房。

“要让孩子吃母乳”，白白焦虑好几个星期。后来，我把那些推崇纯母乳的公众号全都取消关注了，因为它们让我觉得如果我的奶量追不上去，或者如果我早早断奶的话，那么我就犯了错误，我没有做到一个“最好的妈妈”应该做到的事情，对孩子有所亏欠。取消关注后，这些想法才渐渐淡去。

总而言之，除了上文所说的激素变化、睡眠剥夺以外，产后抑郁情绪的一大诱因是对于自己是否能当好母亲的怀疑，而母乳喂养问题就是这种怀疑感的最常见的外显形式。在外人看来，母乳和奶粉，无非是婴儿的食物而已。但是对于妈妈来说，能够顺利地用母乳满足婴儿，在潜意识中带有“我有充足的能力哺育孩子”的意味。如果母乳不足或喂养困难，则会让妈妈对自己“是否能做好母亲”这件事产生怀疑，新手妈妈尤其容易受此影响。当我们觉察这样的潜意识，也就能看出它不理性和以偏概全的一面，更好地做出对自己的身心健康有益的决定。我写这段经历，并不是想要贬低母乳，推崇奶粉。我只是想要告诉新手妈妈，如果出于种种原因，你无法或者不愿意进行母乳喂养的话，请不要为此自责，更不要给自己“当妈妈的能力”扣分。

是否选择母乳喂养，是否用奶粉进行补充，在哪个时间点结束母乳喂养，这些都是完全私人的事情，无须交由他人评判。但许多妈妈会在这些事情上遭到他人不请自来的点评或干涉，比如“孩子抵抗力不好，是不是因为没吃到母乳的关系”“你要多喝点儿荤汤，把奶量追上去才行”“6 个月以后母乳就没营养啦，快点儿断奶吧”等。虽然知道这是对方多嘴，但妈妈的心情很容易被这类话语影响。

发生这种事时，作为伴侣的新手爸爸请不要雪上加霜，用这类话质疑妻子。我住在月子中心期间，听说同楼层的一个家庭也遇到了和我们相同的情况，即宝宝可能有母乳性黄疸，新手妈妈为此很是担忧，在暂停母乳并改用配方奶喂养几天后，宝宝的黄疸值便下降了。此时，新手爸爸对新手妈妈说："你看，果然是你的母乳有问题！母乳一停，宝宝就好了！"这位新手妈妈心里本来就很不好受，听了这话更是哭得稀里哗啦，这时新手爸爸才知道自己说错话了。

同在一家月子中心的还有另一个家庭，新手妈妈患了产后抑郁症，因服用抗抑郁药物想要断奶，但婆婆听说母乳营养好，不同意断奶。于是新手妈妈只能在服药期间仍然每 3 小时起来，将母乳吸出来，然后倒掉，以期待在药物疗程结束后能够恢复母乳喂养。她一瓶一瓶地吸奶，一瓶一瓶地倒奶，整个人的情绪越来越糟糕。后来为了少受这种折磨，还没等抗抑郁药物吃满疗程，便早早停药恢复母乳喂养了。当时我作为外人，自然不好评论什么。但我在这本书里呼吁，当新手妈妈在母乳喂养方面遇到问题时，请家人和新手爸爸坚定地与新手妈妈站在一起，相信新手妈妈做母亲的能力并不由是否喂母乳或母乳量的多少来决定，也要相信不管新手妈妈做了什么决定，她始终怀抱着爱孩子的本心。绝不要让母乳成为新手妈妈的"紧箍咒"，而是要在保障她身心健康的前提下，允许她做出自由、自主的选择。

【练习 1.3】　母乳喂养对我的意义

如果你对于母乳喂养感到困难的话，以下问题也许能够帮助你更好地做决定：

1. 从象征层面来说，能够用母乳喂养我的孩子对我来说意味着什么？

____

____

2. 从象征层面来说，无法用母乳喂养我的孩子对我来说意味着什么？

____

____

3. 从现实层面来说，上述问题的答案对我的身心状态造成了哪些影响？

____

____

正视琐碎的现实困境

我在备孕期和孕期阅读了大量的育儿书，各种育儿理论熟稔于心，自认为做了充足的调研，胸有成竹。但等孩子真的生下来，才发现养娃这件事跟我之前想象的非常不一样。一言以蔽之：被生活琐碎打了个措手不及。

有孩子之前，作为心理咨询师，我满脑子都是唐纳德·温尼科特的“足够好的母亲”，海因茨·科胡特的镜映理论，梅兰妮·克莱因的“好乳房坏乳房”，西格蒙德·弗洛伊德的“口欲期肛欲期”等。如果要说实际操作，那我也能侃侃而谈，什么“接纳孩子的情绪”“守好孩子行为的边界”等。

但孩子刚出生时的那几个月，真正的现实生活则是：每天无限循环的喂奶、拍嗝、洗屁屁、换尿不湿、清洗和消毒奶瓶、陪玩、哄睡、陪睡。这些事情每来一轮要花费两三个小时，每两个小时来一轮。再加上我自己吃饭、洗澡和小憩的时间，一转眼一整天的时间就过去了。

总有人建议说："孩子睡，你也睡。"建议是好建议，就是没什么用。因为孩子睡的时候，妈妈还需要做家务，或者总想要花些时间做一些自己的事情。有时候明明很累了，但就是舍不得这一丁点儿闲暇时光，想要玩玩手机，刷刷社交网络，根本做不到"孩子一睡，我也倒头就睡"。事实上，孩子刚出生的那几个月被很多妈妈形容为"暗无天日"，真是恰如其分。

孩子长大一些后，醒着的时间越来越长，新手父母需要花在陪玩上的时间显著增多。生孩子之前想象中的母慈子孝、寓教于乐的欢乐画面，演变成了孩子东跑西窜、爬上爬下、要求你指哪儿打哪儿、稍有不如意便哇哇抗议的冷酷现实。婴幼儿是一个不确定性制造机，令照料者在做这些事情时经常手忙脚乱、麻烦丛生。他们也是所谓的"注意力黑洞"，在大部分时间里都需要照料者一心一意的关注。如果没有其他人帮忙（伴侣 / 家人 / 育儿嫂 / 托育机构等），一个孩子能轻松吸走照料者一整天的精力，令照料者完全无暇自顾。

相信很多新手父母和我一样，在生孩子之前信心满满："虽然我没养过孩子，但是我很懂育儿理论啊！"显然，他们对于大量且琐碎的重复劳动、身体的疲累程度和情绪的耗竭程度缺乏想象，这造成了孩子出生后所带来的强烈落差感。这也是产后抑郁情绪的一大诱因，它与其他因素相结合，让部分新手父母的情绪困扰绵延很久。

●●●

案例

钱女士的孩子 2 岁多了，她因为持续的情绪问题前来寻求帮助。钱女士认为，在孩子出生后的头 3 年给予孩子充分的爱与陪伴很重要，甚至决定了孩子一生的心理健康。她的伴侣和家人都认可这样的理念，再加上经济条件也允许，于是钱女士自发现怀孕起就辞职了，她打算成为家庭主妇，把孩子照顾到 3 岁再去上班。但是令钱女士没想到的是，秉持着“爱与陪伴”理念的自己，在实际照顾孩子的过程中频频不耐烦和爆发怒气。究其原因是钱女士对于育儿有着很高的标准和要求，她希望自己的孩子能够浸润在最好最正确的养育环境中成长。所以，即使钱女士请了育儿嫂，也无法放心地让育儿嫂带孩子，甚至自己要参与到照料孩子的各个环节之中，还因为不满育儿嫂的做法而多了很多情绪负担。如此一来，身体上无法休息，情绪上无法放松，一整天的时间全被孩子吞噬的钱女士变得越来越易激惹，与她幻想中自己会成为的母亲形象大相径庭，这更是让钱女士感到羞耻和挫败，情绪问题延续了两年之久，最终钱女士决定寻求心理咨询师的帮助。

案例中钱女士的家庭条件已经超越很多人，让她能够辞去工作，聘请育儿嫂。绝大多数家长所经历的疲惫和捉襟见肘只会更严重。应对这一部分情绪困扰，首要方法是在生孩子之前，不要仅仅幻想和孩子的那些美好互动，而是要对养育孩子所带来的无序、琐碎、生理疲乏和情绪耗竭有充分的心理准备。那些越是对于育儿抱有美好幻想和高标准的父母，感受到的挫败也就越大。

当然，在孩子出生之后，在承受现实的重压之时，我们很可能会发现事前再充分的心理准备都是不足的，无论如何都会感到艰辛。这时，我们需要接受这样一个事实：不管我们怎么做，在孩子出生的头几年内，我们原有的生活质量就是会降低，我们也会承受更大的心理压力，我们要能够预见到，在承受这种心理压力时我们会体验到更大的情绪波动。心理学研究①显示，比起孩子已经成年的父母和没有孩子的丁克族，那些孩子还年幼的父母的痛苦程度是最高的，主要原因有要满足孩子的日常需求、时间变得紧迫、父母之间的冲突加剧、工作和家庭难以平衡等。这些都会降低新手父母的幸福感。要记住，如果你和你的伴侣感到非常艰难，那不是因为你们是失败的父亲或母亲，而是因为这是全球的普遍规律。

所以，我们一方面要降低预期，不要对孩子出生后的头几年抱有“粉色幻想”。你越是想要凡事做到最好，给孩子完美的童年，就越是痛苦不堪。你会在已经非常疲惫和耗竭的状态下继续打压自己，进入向下螺旋。另一方面，正在度过艰难时期的我们也要怀有信心，要相信假以时日，现阶段所面临的很多困难、痛苦以后都会自行消退。当然，“养儿一百岁，常忧九十九”，以后会有以后的议题。但是一旦孩子长大，我们从“幼儿的父母”这个角色中脱身，就会轻松很多。

---

① https://www.ncbi.nlm.nih.gov/pmc/articles/PMC3159916/

新手爸爸的产后抑郁

我记得有一次，我在网上看到关于女性产后抑郁的新闻，心痛地跟空爸感慨，女性的产后困境太被忽视了！

空爸随即问我："你有没有看过任何一篇帖子说要关心新手爸爸的心理健康？"

我说："没有，根本没人谈论新手爸爸的产后抑郁。"

空爸立刻拍案而起，仰天长叹："这才是真正的被忽视啊！"

一时间我竟无言以对。虽然空爸是在抖机灵，但他说的也是事实。有不少刚刚升级当爸爸的男性会感到焦虑和抑郁，但由于社会习俗和观念的限制，他们比女性更难以表达情绪和寻求帮助。

●●●

案例

邹先生对我说，他的儿子 1 岁多了。虽然他一直很想要一个孩子，但孩子真的出生后，看着他慢慢长大，邹先生惊讶地发现自己并不感到快乐，甚至下班后犹犹豫豫，宁愿躲在车里也不想回家。

我问他:“家里的什么让你感到如此抗拒呢?”

他说，他也想参与到带孩子的事务里。但是每次做点儿什么，好像都显得特别笨手笨脚，做得稍有不对，妻子就会生气地指责他连这点儿事情都做不好，给她帮倒忙，添麻烦。他理解老婆带娃辛苦，所以被骂也不反驳，只能默默消化。但由于总是被批评，他带娃的积极性一路走低。这时，老婆又批评他不参与、不分担，弄得他不知如何是好。

另外，最近行业不景气，他有点儿担心自己会被裁员。要是以前，邹先生肯定会一边向妻子诉说心中的担忧，一边联系猎头，投投简历，探探目前的就业市场，让自己心里有个底。但现在，一方面他找不到与妻子聊天谈心的时间，每天一回家就被孩子占满时间和注意力，另一方面也不想增加妻子的心理负担，让她担忧家里的经济状况。所以他把这个困扰也一直憋在了心里。

没处诉说的焦虑并没有转化成采取行动的动力，他似乎怎么也打不起精神来改善职业方面的困境。有时，他也渴望像妻子一样，找朋友煲煲电话粥、吐吐槽。但是他环顾四周，似乎没有合适的朋友来听他诉说“当爸的烦恼”。近期，邹先生的睡眠质量显著下降，有时晚上被噩梦惊醒后就睡不着了。他觉得自己太需要找个地方“喘口气”了，所以前来寻求心理咨询师的帮助。

开始来咨询室倾诉压力后，邹先生感觉好些了。经过长达一年的咨询，邹先生逐渐接受“在亲密关系中，男性也可以主动表达情绪”，而不是只能使用压抑和逃避的方式处理情绪。他向妻子表达了自己带娃被批评时所感到的失落，对于徘徊在亲子关系之外所感到的无所适从，以及对于职业发展的担忧。渐渐地，他和妻子的亲密感增进了，两人逐渐可以通过伴侣关系来消化压力。

在接下来的一节中，我们将分析当孩子出生后，出现情绪问题的新手爸爸心中发生了些什么，以便伴侣双方能够更好地理解和改善新手爸爸的心理状态。在此之前，请新手爸爸先填写以下练习，并和伴侣展开讨论。

【练习 1.4】 新手爸爸的情绪自评

1. 满分为 10 分的话，你给自己目前的情绪状态打几分？___

2. 有哪些因素让你给自己的情绪状态打出了这个分数呢？请包含正面因素（加分项）和负面因素（减分项）。

影响情绪状态的正面因素：________________________

____

影响情绪状态的负面因素：________________________

____

新手爸爸出现抑郁情绪的原因

新手爸爸患上产后抑郁并非天方夜谭。有研究[①]显示，大约 8% 到 10% 的父亲会经历产后抑郁。这种情况在产后 3 到 6 个月内发病率最高，但也可能在一年内隐性发展。导致新手爸爸在孩子诞生后出现情绪问题的原因有很多，包括：

1. 需要更长时间来适应“父亲”的角色

上文说过，女性自怀孕起就开始与幻想中的婴儿建立亲密关系，并开始将“母亲”这个角色融入自我认知当中。所以当孩子出生时，大多数新手妈妈能够自然而然地承担起“母亲”的角色。但男性将“父亲”角色融入自我认知的过程启动较晚，而且没有怀孕和分娩这类生理过程的加持。他们需要在孩子出生以后，在对孩子的点滴照料之中才能找到“当爸爸”的感觉。

在这个过程的一开始，新手爸爸的内心中时常会不可置信：“我咋就当爸了呢？”相比绝大多数新手妈妈会自然而然流露出的母性，新手爸爸则会感到疑惑：“我该怎么做，才能看起来像个爸爸？”再加上孩子在婴幼儿时期普遍比较“黏妈”，排斥爸爸，如果在这个基础上，伴侣或家人打击或制止爸爸的带娃尝试，爸爸融入“父亲”角色的过程就可能受到挫折，使他因感到自己无法胜任而退缩。当然，他的退缩又会引起伴侣的不满，这场连锁反应将使亲密关系变得问题重重。

---

① https://www.ncbi.nlm.nih.gov/pmc/articles/PMC6659987/

2. 无法诉说的经济（及其他）压力

女性在分娩之后的一两年内，职业发展受限几乎是不可避免的。这当然会对女性造成不安全感，而男性伴侣也会因此感到身上的担子更重了。年轻时是“一人吃饱全家不愁”，现在则是“上有老下有小，饭碗可不能丢”。很多男性在孩子出生后陡然感到经济压力变大很多，而且出于社会观念的限制，他们很难公开表达自己感受到的压力，觉得自己应该且只能默默扛住压力，打落牙齿和血吞。很多时候，并非压力本身造成了情绪问题，而是压力的不可谈论性让我们喘不过气。

3. 被排斥和被取代的感觉

《蛤蟆先生去看心理医生》中说，每个人的心中都有“童年自我”“成人自我”和“父母自我”。其实在亲密关系之中也是一样，我们有时候在伴侣面前当小孩，有时候是伴侣的情人，还有些时候我们会扮演伴侣的父母。随着孩子的降生，伴侣之间的二元关系被扰动，我们会有种感觉：自己在伴侣面前的“小孩”位置被真正的婴儿抢走了。很多人以为只有女性喜欢在伴侣面前“当小孩”，向伴侣索取“父母般的爱”，但其实这在男性当中也很常见，即男性也经常将伴侣视为“父母之爱”的来源。可一旦孩子出生，妻子有了真正的孩子，曾经的伴侣关系一夜之间被妈妈与婴儿结成的紧密联结所取代，男性伴侣徘徊在外、无所适从，不知道该以何种面貌回到关系之中。在稳定的三人关系（父亲—母亲—孩子）形成之前，这种扰动始终会给亲密关系带来困扰。

新手爸爸当然会经历其他普遍性的困难，比如睡眠不足、给自己的时间减少等，但以上三个原因是他们产生情绪问题的特异性原因，也是女性伴侣容易忽视的方面。知晓这三个原因之后，我们可以从这里出发，改善新手爸爸的心理状态：

- 给新手爸爸更多的时间和机会单独与孩子相处，让他渐渐上手“当爸爸”这件事，在这个过程中尽量表达欢迎，而非拒斥；尽量表达鼓励，而非批评。
- 鼓励他谈论自己的感受，好和不好的感受都可以谈。即使是男性，也可以表达脆弱，尤其是在孩子出生后这段压力陡然增大的时期[①]。
- 有意识地寻找和保障只有两人相处的时间，在努力形成稳定的三人关系以外，我们还需要时不时地回到与伴侣的二元关系之中，去做伴侣面前的孩子、情人和父母。

在本章，我们讲到分娩创伤形成的原因，女性可以如何更多地掌控自己的分娩体验，以及在伴侣的分娩过程中，男性可以如何更好地支持伴侣。此外，我们也讲到不论男女，产后抑郁的常见性及其产生的原因，以及我们可以怎样做来改善情绪。

孩子出生后的前 3 年是一段非常艰难的时期，我们的情绪资源被极度耗竭。我们往往体验着强烈但混沌的感受，被它们推

① 如果觉得难以谈论自己的感受，请参考第 2 章“新手父母如何在亲密关系中互相滋养”。

动，在生活中做出一些自己也不理解的行为和反应。这种时候，我们尤其难以开启那个观察性的自我，仔细觉察和理解自己内心中到底发生了什么。本章的目的就在于，更好地帮助新手父母理解内心中有关分娩和产后常见问题的情绪本质，尽可能地为这些情绪“去罪化”，帮助父母更好地理解自己、表达自己，并且以更为冷静有益的方式改善产后的情绪困境。

在下一章中，我们将继续深入，讲解在为人父母之后，如何改善伴侣关系中的激情部分和亲密部分，努力让孩子在父母相爱、其乐融融的家庭中成长。

第 2 章

新手父母如何在亲密关系中互相滋养

爱情三角理论

美国心理学家罗伯特·斯腾伯格提出“爱情三角理论”。他认为，爱情的本质是由3种成分组合而成的：亲密、激情和承诺。亲密是指理解、沟通、支持和分享等；激情是指伴侣关系中的性生活方面；承诺是指愿意投身于这段伴侣关系并维护它的决心。

有一些婚姻在生儿育女之后就发生破裂，是因为伴侣一方或双方在承诺方面并没有达到所需要的程度。从怀孕开始到孩子出生后的两三年内，婚姻关系将承受前所未有的重压，这段时期非常考验你们情感当中的“承诺”部分。只有在“再难我们也要一起走下去”的决心之下，在面临问题时，伴侣双方才有可能积极地面对，互相协商对策，携手走过生育所带来的风雨，去迎接更美好的风景。但如果你们感情中的承诺比较脆弱，那么在养育孩子这件事所卷起的巨涛拍打之下，婚姻关系就容易解体，这是因为伴侣一方或双方在面临困难时并没有决心正面应对，而是倾向于采取破坏性的或者是逃避性的策略。

伴侣感情当中的承诺部分是无法通过本书提高的，这与你们对于伴侣的爱和对于婚姻、爱情的看法有关。当然，很多时候事情并非简单的黑与白。在艰难的日子里，我们内心中有想要坚守下去、解决困难的部分，也会有想要扔下一切、干脆逃走的部分。内心中有冲突的部分是很正常的，但在行为上会有一个向左走还是向右走的抉择。如果你发现自己不想要再花力气维护这段亲密关系，甚至想要从婚姻当中抽身离开，那么可以参考刘昭老师与我合著的《离婚，你准备好了吗》一书，其中对于离婚的考量和推进有详细介绍。

目前，假设正在阅读本书的夫妻双方都想要维系承诺，想要更好地解决孩子出生之后婚姻关系所面临的难题。在这个假设的基础上，本章将讲述如何在这段充满压力的时期提升伴侣关系中的亲密和激情，改善夫妻关系的质量和夫妻双方的心理状态。这不仅仅是为了让孩子在父母相爱、其乐融融的家庭中成长，更是因为如果夫妻关系变糟的话，家长很可能会无意识地希望孩子成为伴侣之爱的来源，期待甚至要求孩子像伴侣一样倾听自己、包容自己和陪伴自己。如果长期这样做，将对孩子的心理健康产生危害。

在阅读下一节之前，你和伴侣可以先利用练习 2.1，为目前对于伴侣关系中激情部分和亲密部分给出评分。请和伴侣分开填写。

【练习 2.1】　为伴侣关系中的亲密与激情评分

伴侣关系中的亲密部分是指理解、沟通、支持和分享等；激情部分则是指伴侣对双方之间性生活的满意度。

在满分是 10 分的情况下，你给目前你们关系中亲密部分的打分是________，给激情部分的打分是________。

在满分是 10 分的情况下，伴侣给目前你们关系中亲密部分的打分是________，给激情部分的打分是________。

双方填写完毕之后，请对照着看看你们分别给对方打的分数，然后互相讨论一下你们给出该评分的原因，以及评分之间产生差异的原因。

生完孩子后，激情很难恢复

我选择先从激情部分讲起，是因为它在中国人的婚姻关系中最少被提起。在日常的咨询工作中我发现，如果来访者诉说了很多有关亲密关系或婚姻关系的困扰，但从不提及与性有关的话题，那么表象之下，在困扰他/她的深层次问题中，性问题一定占据一席之地。只是出于社会的谈话禁忌，来访者需要很长很长的时间才能够在咨询师面前把这一部分说出口。与之相似，很多夫妻在经历性方面的不适时，常常要么隐忍不说，要么顾左右而言他，这导致他们很难携手解决性方面的困境。

性生活是伴侣关系之中正常且健康的一部分，而怀孕和生育对夫妻之间的性生活有着特异性的影响。原本在性方面就难以坦率、无畏地沟通的夫妻，在孩子出生后头两年内更容易遭遇这方面的困难。这些困难被日常琐事掩盖，很容易隐秘地破坏伴侣关系。我们需要正视、了解并谈论这些困难及其原因，以便更好地开启对话，理解伴侣，改善关系。请记住，在伴侣关系中，双方能够谈论的内容越多，携手处理难题的方式也就越灵活。反之，双方对话中的禁忌越多，处理难题的方式也就越僵化。

尽管如果没有特殊的医疗情况（比如宫颈或胎盘问题），在怀孕期间进行带有避孕套的性行为是安全的[①]，但多数夫妻会在孕晚期避免性行为，主要原因是担心孕妇和胎儿的安全。在产后，从医学上来讲，至少需要等 6 周才能恢复性行为，但从实际情况来看，很多夫妻的性生活直到产后一年都没有恢复。这段长达约一年半的性生活空窗期，再加上夫妻之间在这方面的沟通困难，很容易对伴侣关系造成损伤。

●●●

案例

谭先生和王女士的孩子 1 岁了。从产后三四个月开始，两人之间就开始心怀怨恨，嫌隙越来越大。最近他们常常在家里闹得不可开交，两人担心再这样下去，会对孩子的成长产生负面影响，所以前来进行夫妻心理咨询。在咨询中，经过各种关于日常琐碎事务的互相指责后，谭先生激动地说："作为一个丈夫，我自认为做得很好了！我分担家务，帮忙带孩子，对老婆忠诚。我就搞不懂了，你对我怎么还有那么大意见?！"

① https://www.mayoclinic.org/zh-hans/healthy-lifestyle/pregnancy-week-by-week/in-depth/sex-during-pregnancy/art-20045318

王女士冷笑一声，尖锐地反驳道："什么叫帮忙带孩子？合着孩子就该我带，你带就是帮了我大忙了？呵呵，对老婆忠诚也好意思拿出来说？这是婚姻的底线！怎么着，你是不是想在外面偷吃啊？忍得很辛苦是吧？所以这也要拿出来邀功！"

谭先生听了这话，像泄了气的皮球，萎靡地说道："行吧，我说不过你。但是今天咨询师在这儿，我们就让她来评评理！我们这一整年来，性生活次数一只手就数得过来。我是个男人，我当然忍得辛苦！老实说，我不是没有过找外遇的机会，但我都控制住自己了！可是每次我想跟你亲密一下，你就搞得好像我犯了什么大错一样，看我的眼神里又是嫌弃又是恶心的。你不履行妻子的义务，还搞得好像是我欠了你似的！"

王女士一听到"妻子的义务"，气得想扑上去抓谭先生的脸。经咨询师提醒，"在咨询室里什么都可以说，但在行为上有明确的界限，绝对不可以动手"后，她勉强冷静下来，坐回到沙发里，强忍着泪水说："你……你满脑子就想着那档子事儿。你知不知道这一年里我有多累？而且我生孩子的时候下面还撕裂了，你关心过一句没有？哪怕每次你想做那事儿之前问一句'伤口愈合了吗？还会痛吗？'你从来没问过！仅有的那几次，其实我一点儿也不享受，都是配合你的。但是次数多了我也受不了，我也是人，不是给你发泄用的工具！"

谭先生愣住了，他睁大着眼睛，一时间不知道该说些什么。过了好一会儿，他开口问道："那……那现在伤口愈合了吗？还会痛吗？"

王女士没好气地说："你看，你还是想着那档子事儿！"

谭先生着急地否认："不是，我是真想关心你。你别老曲解我的意思。你刚刚说的那些我确实没考虑过，这是我的不对。我那样问，是想从现在开始关心你。"

王女士气消了一些，口气缓和下来："伤口已经好了。但好是好了，我就是没感觉，不想要。"

咨询室中安静了下来，夫妻两人都感到很沮丧，而且束手无策。

产后性生活障碍的原因

在绝大多数情况中，在孩子出生后的一段时间内，对性生活感到有障碍的是女性。但不管是生过孩子的“过来人”，还是网上各类“育儿专家”，都很少谈论起产后的性生活问题。这导致新手父母事先对此完全没有心理准备，遇上问题之后又羞于谈论，直到矛盾发酵，对伴侣关系产生很大的困扰。

事实上，产后性生活障碍是普遍的，主要的产生原因如下。

1. 分娩导致的阴道撕裂伤

约有 90% 的产妇在自然分娩过程中会出现不同程度的阴道撕裂，在大部分情况下，撕裂伤都是相对轻微的。根据严重程度，阴道撕裂分为四个级别。

- 一级撕裂——只有阴道周边皮肤发生撕裂；
- 二级撕裂——除阴道周边皮肤外，会阴肌肉也发生撕裂；

- 三级撕裂——除阴道周边皮肤和会阴肌肉外，肛门括约肌也发生撕裂；
- 四级撕裂——裂伤从阴道延伸到肛门，波及肠道内膜。

裂伤越严重，愈合的时间就越长。在出现阴道撕裂的产妇中，约有9%的产妇经历了较为严重的三级和四级撕裂①。经历了较轻微撕裂伤的产妇，在产后四五个月恢复性生活时，仍有可能感受到伤口处的不适。而三级和四级撕裂伤与女性的产后性功能障碍更是密切相关②。经历了三级和四级阴道撕裂伤的女性可能在产后 6 个月，甚至一年内仍然感受到性交疼痛。

案例中王女士经历了较为严重的撕裂伤，在产后很长时间内仍然会感到性交疼痛，这是使她抵触性生活的一个重要原因。但由于夫妻二人事先不知道这方面的医学知识，王女士也羞于谈起自己的感受，伴侣间的互相不理解导致了怨怼。

2. 哺乳

很多科普文章都会提及母乳喂养对于母亲和孩子的好处，也会提及一些弊端，比如喂养疼痛和影响母亲睡眠等，但鲜少有人提到，哺乳对于女性在产后的性唤起和性满意度方面也有影响。

事实上，处于哺乳期的女性具有较低的雌激素、孕激素、雄

---

① https://app.healthand.com/us/topic/general-report/vaginal-tears-during-labour

② https://www.ncbi.nlm.nih.gov/pmc/articles/PMC7042171/

激素水平和高催乳素水平，这种特殊的激素状态会减少阴道润滑和降低性欲[①]。王女士仍然处于哺乳期，因此，即使阴道撕裂伤已经愈合，她感到“就是不想要”是正常的。但由于缺少这方面知识，她和谭先生都不知道这种现象的背后有激素水平的原因。

3. 疲惫

众所周知，疲惫会降低性欲，这对于男女来说都一样。但是出于种种原因，孩子出生后，比起爸爸，妈妈总是更劳累的那一方。而男性的性驱力本来就比女性高，再加上疲惫感有所不同，夫妻的性驱力差异会进一步拉大。这一部分的改善方法，可能就只有通过让妈妈更轻松，让爸爸更劳累，来弥合二人的性驱力差异。

4. 分娩时和分娩后身体收到的恶评

在上一章中我们说到，在分娩时受到不当对待会让产妇留下心理创伤，其中就包括对于产妇身体的恶意评价，比如在分娩过程中使用“恶心”“脏”“吓人”等字眼，以及在产后说她“下面松了”“肚子肥大”“乳房干瘪下垂”“妊娠纹很碍眼”等，这些都会让女性感到受伤和愤怒。

在我月子期间，空爸曾无心评论过一句：“哈哈，你现在走路的时候挺着个腰，双腿叉开来走，真丑。”我心里一惊，这才察觉到自己仍在无意识地沿用孕晚期时的走路形态——肚子前

① https://www.ncbi.nlm.nih.gov/pmc/articles/PMC7042171/

挺，双脚外八，大摇大摆。如果不有意识地收紧肚子，直着向前迈开步子，那走姿就仿佛是“大王叫我来巡山”的样子。孕晚期时这种走姿很正常，但现在大肚子没了，这种形态便显得非常碍眼。我有点儿伤心，严肃地跟空爸说：“你不要这样讲。我这样走路是因为怀孕造成的，又不是我故意的。这更说明我的身体需要好好修复才能回归从前。”

空爸赶忙道歉说：“我没想到这一点，对不起。你别放在心上，好好修复，以后会好的。”

我们都希望自己在爱人的眼中是迷人的，这一点对于男女来说都一样。而如果伴侣对于女性的身体发表恶评，尤其是针对因分娩导致的身体变化，那么这很有可能在接下来很长时期内让女性无法享受与伴侣的性乐趣。

产后性生活的修复

我们必须承认，性生活对于伴侣关系有很大的影响。但我相信对于绝大多数在阅读本书的夫妇来说，伴侣关系比性更重要，是包含性但超越性的存在。那么在面临产后性生活障碍的时候，我们也应该从伴侣关系本身入手，间接地改善性方面的问题。

首先，我们要与伴侣一起了解上文所述的生理原因，让夫妻双方都在心理上对这段产后性生活低迷期有所预期。在这个基础上，双方需要坦率无畏地表达自己的感受，在尊重彼此感受的前提下协商改善方式。方式有很多，不同的伴侣互相协商出的方式五花八门，而我的建议只有一条——夫妻双方一起做刺激的事情。

即使在有孩子之前，在婚姻围墙里待久了，很多夫妻会在心里偷偷向往“谈恋爱的感觉”，希望给平淡的日常生活来一点儿心动和刺激。有些人会通过影视剧或者白日梦来满足这种对刺激的渴望，还有些人则会因为对婚姻承诺不足或是自控力低下而将幻想付诸行动，构成出轨的行为。在有孩子以后，很多夫妻就连想要花点儿时间单独待在一起说说话都特别不容易，更不用提重现往日的亲密与激情。如果你们把好不容易腾出的时间用来躺在床上背对背看手机，那么这对于改善亲密关系没有任何作用。如果你们想要改善关系，特别是提升“爱情三角”中的激情部分，就需要把宝贵的二人时间用来一起做一些让你们心跳加快、呼吸急促、肾上腺素飙升的活动。

心理学上有种效应名叫“吊桥效应”，它是指当一个人在略感危险、心跳加速的情景下，会觉得身边的同伴更有吸引力。因为在潜意识中，他把自己心跳加快的现象归因于对对方产生的心动之情[①]。研究人员做过一项为期10周的测试[②]，比较参与“普通”活动和“刺激”活动的夫妇。他们发现，夫妇两人出去吃饭或看电影对提升婚姻满意度的效果不如去跳舞、滑雪或听演唱会。另一项研究用尼龙搭扣把夫妻绑在一起，让他们完成一个障碍赛。双方的关系满意度有了巨大的提高。比起参与“普通”活动的夫妇，参与过“刺激”活动的夫妇在那个周末发生性关系的可能性高出 12%。

所以，扔掉手机，与伴侣一起去参加一项令人心跳加速的刺激性活动吧！蒙上眼睛，有意识地让自己掉入这个归因错误的心理陷阱，才能帮助你们早日恢复激情。

---

① https://youarenotsosmart.com/2011/07/07/misattribution-of-arousal/

② https://pubmed.ncbi.nlm.nih.gov/30265020/

●●●

案例

经过几个月的咨询，王女士和谭先生对产后性生活低迷期的生理原因有了更多的了解。同时，他们也能够更加直接地表达自己的感受了。虽然沟通过程仍有波折，但双方能够开始对对方的真实感受做出回应，包括澄清、道歉与共情。

王女士：我好像没跟你提过，你之前有一次说我生完孩子肚子上的肉松松软软的，跟以前很不一样……（说出自己内心中介意的事情）

谭先生：我说过这话？什么时候？

王女士：就是说过！你不要否认！

谭先生：你别激动，我不是想否认，我是真想不起来了……

王女士：反正这句话让我挺伤心的，我心里一直有这个疙瘩在。（不带攻击性地说出自己的感受）

谭先生：别啊，我要是真的说过，当时的意思也是我喜欢你肚子上松松软软的肉。（澄清）

王女士：是吗？你当时是这意思？

谭先生：是啊，可能我就这样提了一嘴，没表达清楚，让你给误解了。但是我真觉得，你还跟以前一样有魅力……（赞美）

王女士：（脸一红）哦……那是我误解你的意思了。

谭先生：对了，之前那几次不好意思啊，我不知道你都是在配合我……（道歉）

王女士：没事，其实我自己对这个状态也有压力，我害怕以后一直都不想要了……（澄清）

谭先生：咨询师不是说了嘛，跟伤口和哺乳期激素有关，你又不会哺乳一辈子。等哺乳期结束自然就会好了。而且你前段时间确实太累了。（共情）

王女士：哎……我也知道很长时间没那个，你会想的。说到这儿，我差点给忘了，你第一次来咨询时说的外遇机会是什么情况？！

谭先生：哎，我那不是口不择言，胡说八道的嘛！我根本没有外遇的机会！

王女士：没有？没有你能提起这茬儿？！你给我好好交代，到底怎么回事！

谭先生：其实……其实就是有个女同事，下班时老想蹭我车……我还以为她对我有意思呢，想入非非了一阵，结果发现人真就是想蹭车而已。

王女士：呵呵，还说什么你忍住了，原来根本就是人家没搭理你而已。

谭先生：那你可别冤枉我！就算是想入非非的那会儿，我也坚决跟自己说，想想可以，但坚决不能付诸行动！我老婆为我付出太多，我不可能做对不起她的事儿。咨询师说过的，有任何感受都可以。咋地，我在脑海里想想都不行？

王女士：行行行，算你还有良心，知道底线在哪里。

谭先生：其实人家只想要跟你那个……（澄清）

王女士：扑哧…你也不嫌害臊……那你想想办法呀，想想当初你是怎么追我的，说不定我还能再心动一回。（提议）

谭先生：哎，做男人苦啊，老婆还要追好几遍……

王女士：（瞪眼）

谭先生：好好好，追追追。诶，你还记得吗，那个时候我们都喜欢玩剧本杀来着，特别是恐怖推理型剧本杀，又烧脑又刺激……要不我们下周末去玩一下？（响应提议）

王女士：那也行吧，玩个剧本杀也就是一下午的事儿，不耽误陪娃。

谭先生：你就放心把娃放在咱妈家里吧，别老想着娃娃娃的，你就是太操心。咱现在不是要找回当年的感觉吗，二人世界总得过一过的。

王女士：行吧，你说的也有道理。（决定尝试与伴侣协商出来的办法）

谭先生：那周末玩好剧本杀，咱去开个房？

王女士：你做什么梦！

接下来的日子中，王女士和谭先生的争吵缓和了下来。在进行有效沟通之余，他们利用周末时间一起玩了几次剧本杀，后来还去参加了室内攀岩活动。在玩剧本杀的时候，王女士看到谭先生用逻辑推理解开重重迷雾，重现了当年拨动她心弦的闪光点。在玩室内攀岩的过程中，谭先生则看到王女士骁勇的英姿，不由自主地流露出欣赏爱慕的目光。两人在这些令人心跳加速的活动中，仿佛重新坠入了爱河。哺乳期结束后，两人很快恢复了激情。

【练习 2.2】　改善产后激情

我内心中关于激情方面的不满：

1. ______________
2. ______________
3. ______________

对于对方的不满，我有哪些责任？

1. ______________
2. ______________
3. ______________

伴侣内心中关于激情方面的不满：

1. ______________
2. ______________
3. ______________

对于对方的不满，我有哪些责任？

1. ______________
2. ______________
3. ______________

我们想要一起尝试哪些令我们心跳加快、呼吸急促、肾上腺素飙升的活动？

1. ______________
2. ______________

示例：

我内心中关于激情方面的不满有哪些？

1. 伴侣曾说我生完孩子后肚子上的肉松松软软的，跟以前很不一样

2. 之前有性交疼痛

3. 不想要，但看伴侣很想要的时候会勉强自己配合

对于对方的不满，我有哪些责任？

1. 没有告诉他我的性交疼痛，也没有告诉他我是在勉强配合，隐忍怒气，他没有发现真实原因时又对他感到生气，在眼神、语气上表现嫌弃。

伴侣内心中关于激情方面的不满有哪些？

1. 性生活频率太低

2. 发起性邀请时她看我的眼神有抗拒和厌恶，令我感到受伤

对于对方的不满，我有哪些责任？

1. 可能之前有说过关于她肚子的话，不经意间伤害了她。

2. 看到她抗拒的眼神时，没有多询问原因。

我们想要一起尝试哪些令我们心跳加快、呼吸急促、肾上腺素飙升的活动？

1. 玩恐怖推理型剧本杀

2. 攀岩

育儿压力需用亲密消化

“爱情三角理论”中的亲密部分，是指伴侣之间的理解、沟通、支持和分享等。这是爱情中最接近友谊的部分。在这方面做得好的伴侣，彼此之间就像是互相扶持、亲密无间、携手共进的好友，在欢笑时分享快乐，在低谷期分担悲伤。

近年来有个流行语叫作“分享欲”，意思是说如果伴侣之间没有“分享欲”的话就走不长远。这句话很可能是对的，因为这意味着伴侣之间不再亲密。你们可能仍然在谈论家庭琐事，但话题仅限于此。对于心中角角落落里的那些情绪起伏，你们决定关上心扉、闭口不谈。处于这一类伴侣关系中的人很容易感到孤单，甚至比在单身时感到更孤单，因为对于他们来说，伴侣就像是跟自己同住一个屋檐下的陌生人，虽近在咫尺，却遥不可及。

在孩子刚出生的几年里，亲密部分原本就比较薄弱的伴侣关系更容易破裂，这是因为孩子的到来让伴侣关系承受着比之前更大的压力。压力来源包括睡眠不足、经济紧张、无暇自我照顾、双方共度的时间减少、与长辈合作育儿产生的家庭摩擦等，几乎带孩子的每一天都会产生压力。这些压力需要用伴侣关系中的亲密部分来消化。亲密部分深厚的伴侣能够顺利地协商如何彼此合作，消化这些压力，甚至能通过在这个过程中互相表达理解、支持和关爱，把育儿压力转化为使关系更为强韧的营养剂，发现彼此身上新的闪光点，在以后的日子里还能津津乐道于当年携手克服困难、将孩子抚养长大的往事。压力消化不良的伴侣则会把"协商合作"转变为"互相厮杀"，在零和博弈中为了抢夺资源而大打出手，最终积攒怨气、渐行渐远。

【练习 2.3】 对育儿压力的消化情况

回顾在练习 2.1 中你和伴侣给予你们关系中亲密部分的评分，并讨论一下，对于育儿这件事所产生的压力，你们的亲密部分消化得顺畅吗？还是你们正在经历严重的压力消化不良，让双方相互厮杀、口吐恶言？

____

____

婚姻中的“末日四骑士”

很多人以为，要与伴侣变得更亲密，就要培养和伴侣一样的兴趣爱好，关注伴侣感兴趣的东西。这个想法，对也不对。有共同的爱好和关注点自然会增加伴侣之间的共同语言，但是，有些伴侣身处不同的行业，彼此的爱好也不重叠，却可以几十年如一日地分享内心点滴，温暖彼此，将伴侣关系打造成爱与安全感的港湾。有些伴侣即使工作内容和兴趣爱好都相似，却话不投机半句多。这说明共同爱好与共同关注并不是亲密感的决定性因素。最关键的，其实是伴侣之间的沟通质量，这很大程度上取决于伴侣沟通过程中的负面因素有多少。这些负面因素被美国心理学家约翰·戈特曼总结为婚姻中的“末日四骑士”。在一场沟通中，有越多骑士在场，双方就越会被刺得遍体鳞伤。

戈特曼把伴侣沟通中的不良因素归为四种类型（四位骑士）：批评、辩护、冷战和蔑视。

- 批评

批评是指由某件不愉快的事情出发攻击对方的人格。比如，“难得今天周日你休息在家，却不愿意带孩子去户外玩，你怎么这么自私？你这个人不配有孩子”。

与之相对的是抱怨，抱怨是指谈论具体事件，并且表达自己的感受。与我们的直觉不同，抱怨对婚姻是有利的，因为它能够帮助你们提出问题和解决问题：“难得今天周日你休息在家，却不愿意带孩子去户外玩，这让我很生气。为什么总是我带他出去呢？我觉得很累也很不公平。”

看到区别了吗？后者的表达中并没有对伴侣的人身攻击成分（“自私”“不配有孩子”），而是不带攻击性地说出自己的负面感受。

- 辩护

紧接着“批评”骑士出现的，通常就是“辩护”骑士。当受到来自伴侣的人格攻击时，我们的第一反应自然不是解决问题，而是采取防御姿态，为自己辩护：“你眼瞎吗？没看见我早上已经陪孩子读 3 本绘本了？天天想去户外，你有强迫症啊，一定要出门？！”

- 冷战

“批评”骑士与“辩护”骑士轮番上场几个回合后，就轮到“冷战”骑士登场了。夫妻二人吵累了，其中一个人转身回到房间，“砰”的一声关上房门，或许在房间里生闷气，或许还摔了什么东西发泄情绪。另一个人则留下陪着孩子，嘴里嘀嘀咕咕说着对方的坏话。在接下来的一天中，两人都拒绝与对方对话。等到一天结束的时候，他们终于开口说一些日常琐事，即使心中还余留着当天吵架时产生的怒气，争论从未解决，但两人都不愿或无力再提起此事，只能假装这件事过去了。关系中的一道裂痕就此产生。在冲突过后假装无事发生，并不会让冲突过去，因为你们跳过了重要的关系修复过程。这种从未被修复的裂痕越积越多，就会带来下一位末日骑士“蔑视”，让你们最终渐行渐远。

- 蔑视

蔑视对亲密关系有极强的杀伤力，以至于戈特曼把它称为“爱情的硫酸”。可以想象，当你看不起或者厌恶伴侣的时候，对方一定会感到特别受伤。在很多伴侣关系中，一开始是不存在蔑视的，相反，我们会带着很多理想化和相互吸引去建立伴侣关系。但是当裂痕逐渐变多，且无法得到修复时，蔑视就渐渐出现了。上文中的夫妻经过多次“批评—辩护—冷战”过后，蔑视逐渐在他们的关系中蔓延。

一方心里想：“要不然人家怎么说，生了孩子才知道自己嫁的人这么差劲！你不管孩子，起码你多赚点儿钱拿回家呢？就赚这么点儿，还不如别回来了！”

另一方心里想：“不就是带个孩子吗？整天拉着张脸给谁看啊？花钱如流水不说，一点点小事就翻脸，跟个神经病一样！”

他们谁都不认可对方的付出和辛苦，看向对方的眼神中，爱与温柔逐渐消失，取而代之的是轻蔑和厌恶。最终，这个家庭中的孩子会在父母的冲突和相互鄙视中成长，并目睹父母的婚姻关系在一地鸡毛中走向终结。

【练习 2.4】 骑士在场

选取一场你们最近发生的冲突，数一数在场骑士的数量，并写下代表骑士的话语和行为。尤其要注意观察，你们的关系是否已开始遭到硫酸的腐蚀。在接下来的章节中，我们将讲解如何在冲突中减少在场的骑士数量。

骑士	**话语或行为**
批评	1. ______ ______ 2. ______ ______
辩护	1. ______ ______ 2. ______ ______

（续表）

骑士	**话语或行为**
冷战	1. ________ ________ 2. ________ ________
蔑视	1. ________ ________ 2. ________ ________

提升沟通质量的公式

能够疏导情绪、缓解冲突的高质量沟通是有公式可循的，这个公式由我多年的咨询经验总结而来，那就是：

高质量沟通 =A 进行抱怨+B 承认 A 情绪的合理性+A 与 B 共同协商解决方法。

如果 B 对某些事情也抱有不满，那么就先完成这个公式，然后角色互换后再来一遍。

公式的第一步在上文已经有所提及，不要隐忍，也不要攻击，要抱怨。有些人在关系中遇到一些小的不满意时会习惯性地隐忍，隐忍到一定程度后变得非常愤怒，于是一开口就开始对伴侣进行人身攻击。比如在上文的例子中，A 之前已经积攒了很长时间的怒气，只是在发现 B 不愿意带孩子出去玩时突然爆发了。而 B 对 A 之前的隐忍毫不知情，只知道自己突然受到了猛烈攻击，于是赶紧拿起武器进行反击。这场沟通的起点就很恶劣，两人在沟通的一开头就进入了向下螺旋。

所以当你心怀不满时，请及时抱怨，不要积攒怨气。关系不好的伴侣，通常一方或双方心里有个“给对方扣分的小本本”，对什么事情不满意了，表面上装作无所谓，心里却不声不响地在“小本本”上记上一笔。等达到自己的忍耐极限时，突然爆发，把小本本抖搂出来，开始一条一条细数对方的罪状。这种行为会极大地将当下的冲突复杂化，加大关系修复的难度。因此，我们需要丢掉心里的“小本本”，一有什么不满意就及时抱怨。即使此时此刻不能抱怨，也一定要在当天或者当周提出，尽快完成“抱怨—沟通感受—协商方案—增进亲密”的循环。

为什么这个循环不是“抱怨—解决问题—增进亲密”呢？因为在两人长久的共同生活当中，有超过一半的问题是永远无法解决的。伴侣治疗师丹·怀尔（Dan Wile）曾经说过：“选择伴侣就是选择一组问题。”（Choosing a partner is choosing a set of problems.）你们得学会和彼此的问题相处。很多人以为，对于不能解决的问题，就不应该或没有必要提出来，只能默默隐忍。但其实，只要你内心有不满，就应该及时抱怨，但问题不一定要全部解决。空爸曾无数次在打开洗衣机时，大声对我抱怨：“你怎么又忘记掏口袋了！现在洗衣机里全都是纸屑！”有一次，我甚至把口袋里还装着订书钉的衣服塞进了洗衣机，导致洗出来的衣服上到处镶嵌着订书钉。空爸哀求我：“你能不能记得在把衣服塞进洗衣机之前掏一下口袋？”我诚实地告诉他：“我可以答应你，但是我知道自己做不到。我肯定会忘记的。我要是能记得的话就不是我啦。”空爸听后摇头叹息而去。还有一次，空爸在出门前叮嘱我："如果下雨的话就把晾在阳台外的衣服收进来。买点儿牛肉和胡萝卜，我做晚饭需要这两样食材。"我满口答应，但他一出门我就把这些叮嘱抛到了九霄云外。等到他晚上回到家后发现我什么都没做，衣服被雨淋湿，牛肉和胡萝卜也不见踪影，晚饭至少得延误半小时。空爸很生气，对着我大声抱怨。但没办法，这就是和一个健忘鬼一起生活会带来的问题。这类问题恐怕永远也无法根除，但这并不妨碍空爸每次都会抱怨，抱怨完了也就淡忘了。

请记住，再高超的亲密关系沟通技巧也无法保证你们不抱怨、不吵架，使用亲密关系沟通技巧只是会极大地提高吵架过后双方能够修复感情的可能性。坚韧的亲密关系并不是从不抱怨、从不吵架（很多能吵起来的伴侣比吵不起来的伴侣感情要好很多），而在于每次抱怨和吵架之后两人的感情总是可以修复，甚至比之前更深刻。所以，我们要学会，问题发生时一方如何进行抱怨，另一方又如何应对抱怨。

有孩子以后，夫妻之间会有比以前多得多的抱怨，这是因为让我们心怀不满的事情开始频频出现，比如孩子吃个饭把餐桌地板弄得一团糟，比如我们对别人帮忙带孩子的方式不满意，比如我们忍受生理上的疲惫、酸痛感等。我们的情绪容纳力经受着比以前更大的消耗，往往在沟通刚开始时就已经满怀怒气，这时候就更需要有意识地运用公式，来避免进入沟通的向下螺旋，减少在场"骑士"的数量。接下来，我们就来分步骤详细讲解沟通公式。

第一步：当 A 进行抱怨时，要使用“你 / 某人做了 XXX，让我觉得 YYY（生气 / 无助 / 伤心 / 被忽视……）”句式来明确表达是别人的何种行为让你有了怎样的感受，而不要使用“你做了 XXX，说明你 ZZZ”句式来对对方进行攻击和评判。

第二步：当 A 进行了及时的抱怨，就说明他有意开启正向的沟通，这种意愿值得被看到和肯定。此时 B 的任务是承认 A 的情绪有其合理性，这种承认必须通过话语明确地表达出来，而不是在心里偷偷想一想，嘴上却不愿意承认。

承认情绪有其合理性的话语是：你感到 YYY 是有道理的。一定要清晰明确地说出这句话，并且在后面绝不加任何“但是”。请注意，承认 A 感受的合理性，意思并不是“A 是对的”或“A 所说的就是客观事实”。承认感受的合理性，意思是“从你看待事件的角度来说，你产生这样的感受是有道理的。”

在倾听伴侣吵架时，我发现人们说很多很多话，背后都在表达一个意思，即：“我产生这样的感受是有道理的，求求你了，承认这点吧！！”如果 B 及时给予 A 极度渴求的承认，那么 A 的情绪会很快降温。B 说出“你感到 YYY 是有道理的”这句话后，需要站在 A 的角度上说出几条 A 产生这种情绪的原因，说错或者说漏都没有关系，A 会进行纠正和补充。重要的是，让 A 看到 B 能够承认自己的情绪有合理性，并且有站在 A 的视角上看待事件的意愿，通常来说，这就足以缓和 A 的情绪了。

第三步：A 与 B 共同协商解决方法。伴侣之间遇到冲突时，必须牢记一句话，“先安抚情绪，再解决问题”。就像上文所说，伴侣共同生活的过程中有些问题永远也无法解决。但是，由问题带来的情绪是一定要疏导的，积攒的不良情绪会回荡在整个家庭之内，就连最小的孩子也能察觉出父母之间的疏离和怨怼。因此，一定要在完成公式的第二步之后，再进入第三步，即伴侣共同协商解决方案。

在有孩子之前，对于与伴侣意见不合的事，我们通常可以求同存异，悬置争议。但有孩子之后，由于两人都非常在意孩子，都觉得自己的方法一定是更好的，导致在某些问题上两人会吵得不可开交。这时候，我们需要在相互尊重的前提下协商出折中方案，如果做不到，那就只能适当放手，顺其自然。要记住，孩子的成长需要呼吸氧气，但不需要吸纯氧。不要在过度委屈自己的前提下试图给孩子创造完美的成长条件，这只会破坏你的身心健康、亲密关系和亲子关系。

●●●

案例 1

A：难得今天周日，你休息在家，为什么不愿意带孩子去户外玩呢？我好生气啊！（**抱怨，但没有攻击**）

B：因为我累了啊，我早上已经陪他读 3 本绘本了，下午不想再带他出去了。（**不带反击性地解释原因**）

A：可是如果不每天带孩子去户外，孩子以后会近视的！（**表达焦虑**）

B：你这么紧张干什么？缺了一天又不会怎么样的。（在未疏导情绪的情况下试图解决争议）

A：不行，你今天一定要带他出去！（拒绝接受解决方案）

B：你为什么一定要我今天带他出去呢？（注意到这个要求背后可能有其他情绪，开始询问）

A：平时都是我带孩子出去玩，每次出去累得半死，抱他抱得腰都快断了。这些我都不跟你计较，因为你平时不在家。但今天你好不容易休息，还不带他出去，我觉得很不公平。（使用“你做了 XXX，让我觉得 YYY”句式，明确表达是怎样的情况让自己产生了怎样的情绪）

B：原来你坚持让我今天带孩子出去玩，一部分是因为你在意近视问题，还有一部分是因为你觉得不公平。（意识到伴侣提出某个要求，背后可能有若干种情绪在推动）

A：对。我平时带孩子多累啊，你根本体会不到我的辛苦。我很在意孩子的健康发展，比如预防近视。但好像只有我一个人在坚持。我平时带他出门都是两个小时起步的，今天好不容易轮到你，你却连一步路都不愿走，所以我才一下子很生气。（进一步不带攻击性地解释自己的情绪）

B：你感到生气是有道理的。你觉得在你很在意的问题上，我没有用实际行动支持你。你觉得预防孩子近视所需要付出的辛苦，全让你一人承担了，我不体谅你的辛苦，所以你会感到生气和不公平。（承认 A 的情绪有其合理性，并站在 A 的视角说出原因）

A：对。（情绪的合理性得到承认，情绪缓和下来）

B：但是我今天确实已经累了，确实没法带他在户外待两个小时。你看这样好吗？我陪孩子下楼在小区里玩半小时，就算是去过户外了。（疏导完情绪后，开始协商解决方案）

A：好吧，今天这样就可以了，但是下星期日你要带他出门玩两个小时。（当前的情绪得到疏导，接受解决方案，并进一步协商）

B：可以，那下周日上午我就不陪他读绘本了？上午读了绘本，下午我就不想再带他出去了。（继续协商自己更能接受的解决方案）

A：好。（冲突解决）

以上就是运用公式后，在没有骑士出场的情况下解决育儿冲突的沟通实例。如果B也对某些事情抱有不满，那么一定要在走完整个沟通流程之后，即安抚完A的情绪，并协商可能达成的改善方案之后，再开启新一轮的沟通，用以表达自己的不满。如果B把自己的情绪混入了首轮沟通，那么场面一定会非常混乱，双方越对话越生气，进入死胡同。这样的无效沟通看起来会是什么样的呢?

●●●

案例2

A：难得今天周日，你休息在家，为什么不愿意带孩子去户

外玩呢？我好生气啊！（抱怨，但没有攻击）

B：因为我累了啊，我早上已经陪他读 3 本绘本了，下午不想再带他出去了。（不带反击地解释原因）

A：可是如果不每天带孩子去户外，孩子以后会近视的！（表达焦虑）

B：你这么紧张干什么？缺了一天又不会怎么样的。（在未疏导情绪的情况下试图解决争议）

A：不行，你今天一定要带他出去！（拒绝接受解决方案）

B：你为什么一定要我今天带他出去呢？（注意到这个要求背后可能有其他情绪，开始询问）

A：平时都是我带孩子出去玩，每次出去累得半死，腰都快断了。这些我都不跟你计较，因为你平时不在家。但今天你好不容易休息，还不带他出去，我觉得很不公平。（使用“你做了 XXX，让我觉得 YYY”句式，明确表达是怎样的情况让自己产生了怎样的情绪）

B：我知道你累，但是难道我就不累吗？你以为我平时上班很轻松是不是？我今天难得休息一下，早上还陪孩子读了绘本，你怎么就看不见呢？（在还未疏导完 A 的情绪时便通过“但是”引入自己的情绪）

A：……（觉得 B 说得也有道理，但自己的委屈仍然无法消散，却再也说不出口，开始默默流泪）

B：哎，你怎么又开始哭了？好好好，我带孩子下楼去玩，总行了吧？哎……（做出了让步，但因为觉得自己是被迫让步

的，所以感到疲惫和委屈）

A：好。（觉得对方虽然做出让步，但态度好像是自己无理取闹一般。既然对方答应了，自己也不好再说什么，只能擦擦眼泪撇撇嘴）

事后两人并未再谈起这个片段，一道小小的裂痕就此留在两人的关系之中，等待在下一次冲突时火上浇油。其实这一场沟通的前半部分很好，A 进行了及时的抱怨，以非攻击的方式表达了自己的感受。这场沟通的转折点发生于 B 的“但是”。前文说过，A 表达出自己的感受以后，B 需要承认 A 感受的合理性，并且不能加任何“但是”。这是因为在 A 抱怨时，我们首先要做的是通过承认其情绪的合理性来进行安抚。可一旦 B 加了“但是”，那么他所做的就不是承认对方情绪的合理性，而是在表达这样的潜台词：“你有情绪，我也有情绪，你要先承认我的情绪是合理的！”如此一来，要么两人陷入对于谁先承认的互相争夺之中，要么有一方非常别扭地做出让步，两人心中的情绪淤积起来，无法得到排解。

在共同育儿的过程当中，两人都有情绪是很正常的，没有人可以永远充当另一半的心理咨询师。养育幼儿是很辛苦的任务，当两个人都有情绪的时候，应该怎么办呢？就像本章一开头所说的，我们需要先完成这个公式，针对 A 的不满，安抚情绪、协商方案，然后角色互换，针对 B 的情绪按照公式重新走一遍流程。千万不要在公式走到一半时就加入“但是”。这样的沟通看起来会是什么样的呢？

案例 3

A：难得今天周日，你休息在家，为什么不愿意带孩子去户外玩呢？我好生气啊！（**抱怨，但没有攻击**）

B：因为我累了啊，我早上已经陪他读 3 本绘本了，下午不想再带他出去了。（**不带反击性地解释原因**）

A：可是如果不每天带孩子去户外，孩子以后会近视的！（**表达焦虑**）

B：你这么紧张干什么？缺了一天又不会怎么样的。（**在未疏导情绪的情况下试图解决争议**）

A：不行，你今天一定要带他出去！（**拒绝接受解决方案**）

B：你为什么一定要我今天带他出去呢？（**注意到这个要求背后可能有其他情绪，开始询问**）

A：平时都是我带孩子出去玩，每次出去累得半死，腰都快断了。这些我都不跟你计较，因为你平时不在家。但今天你好不容易休息，还不带他出去，我觉得很不公平。（**使用“你做了 XXX，让我觉得 YYY”句式，明确表达是怎样的情况让自己产生了怎样的情绪**）

B：原来你坚持让我今天带孩子出去玩，一部分是因为你在意近视问题，还有一部分是因为你觉得不公平。（**意识到伴侣提出某个要求，背后可能有若干种情绪在推动**）

A：对。我平时带孩子多累啊，你根本体会不到我的辛苦。我很在意孩子的健康发展，比如预防近视。但好像只有我一个人在坚持。我平时带他出门都是两个小时起步的，今天好不容易轮到你，你却连一步路都不愿走，所以我才一下子很生气。（进一步不带攻击性地解释自己的情绪）

B：你生气是有道理的。你觉得在你很在意的问题上，我没有用实际行动支持你。你觉得预防孩子近视所需要付出的辛苦，全让你一人承担了，我不体谅你的辛苦，所以你会感到生气和不公平。（承认 A 的情绪有其合理性，并站在 A 的视角说出原因）

A：对。（情绪的合理性得到承认，情绪缓和下来）

B：但是我今天确实已经累了，确实没法带他在户外待两个小时。你看这样好吗？我陪孩子下楼在小区里玩半小时，就算是去过户外了。（疏导完情绪后，开始协商解决方案）

A：好吧，今天这样就可以了，但是下星期日你要带他出门玩两个小时。（当前的情绪得到疏导，接受解决方案，并进一步协商）

B：可以，那下周日上午我就不陪他读绘本了？上午读了绘本，下午我就不想再带他出去了。（继续协商自己更能接受的解决方案）

A：好。（冲突解决）

B：其实我最近也很累……（公式已经走完，A 的情绪得到安抚，两人也协商出了双方都同意的方案。现在 B 开始抱怨并表达情绪，两人根据公式再走一遍）

A：你想说说吗？（之前的情绪已经得到纾解，心平气和地邀请 B 做进一步表达）

B：最近工作上压力有点儿大，其实我每天晚上回来时也已经很累了。我想有自己的时间放松放松，但我也想做一个好家长，而且我知道自己平时陪孩子陪得少，多少有点儿自责。所以今天早上一吃完饭我就陪孩子读绘本。可是我刚一读完绘本，你就给我派了新任务，我本能地感到排斥……（**明确地表达是什么事情让自己有了怎样的情绪。比如：工作导致了“压力大”“疲惫”，陪孩子时间少导致了“自责”，刚陪孩子读完绘本就被要求带孩子出去玩，导致了“排斥”。表达所有这些情绪的同时没有攻击 A**）

A：对不起，我不知道你最近工作压力大。你今天不想带孩子出去是有道理的，毕竟难得有一天休息。（**承认 B 情绪的合理性，并站在 A 的视角说出原因**）

B：没事，你不用说对不起，也不是你的错，我知道你平时带孩子辛苦，想让孩子多去户外也有你的道理。（**情绪的合理性得到承认，情绪缓和下来，顺便表达对 A 的理解**）

A：我不知道你会因为陪孩子时间少而感到自责。如果我知道这点的话，刚刚就不会生那么大气了。其实你陪他读绘本，也是在做出“当一个好爸爸”的尝试。我忽略了这点，只看到你没做到的部分（即不带孩子去户外），所以我提要求的时候你感到抗拒。（**进一步承认 B 情绪的合理性，并站在 B 的视角说出其产生情绪的原因**）

B：是这样的，谢谢你理解我。一会儿我陪孩子下楼在小区里玩儿的时候，你要不要一起来？我们可以聊聊天，我想跟你讲讲我工作上的事。（**冲突已经解决，情绪也得到了理解，萌生了想要跟伴侣更亲密、有更多沟通的渴望**）

A：好啊。

作为读者，你一定能察觉出案例 2 与案例 3 的区别。在案例 2 中，两人看似达成了和解，但其实他们并没有觉得自己的情绪得到了对方的倾听与理解。这样的表面和解其实阻碍了进一步的沟通，让两人隔阂加深，而非愈加亲密。这也是为什么很多伴侣表面看起来为对方做了很多让步，却还是随着时间的推移渐行渐远，最终分道扬镳。而采取案例 3 中沟通方式的伴侣，能够把育儿压力所带来的冲突转变为增进理解、互相扶持的契机，这样的伴侣才能够在漫漫婚姻当中构筑出深厚的情感。

当然，准确地觉察并表达出自己是因为什么事情导致了自己有怎样的情绪，本身就不是一件容易的事。不是每个人都有能力做到这点，但这种能力是可以通过反复练习得到提高的。你可以首先在生活中多练习，如果觉得自己需要提高的空间很大，也可以寻求心理咨询师[①]的帮助。

① 如需心理咨询师的帮助，请发邮件至：mengjietherapy@outlook.com。

用沟通公式抱怨第三方

上一节所讲的沟通公式“A 进行抱怨+B 承认 A 情绪的合理性+A 与 B 共同协商解决方法”既可以运用于 A 和 B 之间的直接抱怨，也可以运用于 A 在 B 面前对第三方 C 的间接抱怨，比如一个常见的场景就是妻子在丈夫面前抱怨婆婆的带娃方式。如果是 A 在 B 面前表达对 C 的抱怨，原理也不是变的，即 A 需要以非攻击的方式表达自己的感受，B 需要承认其感受的合理性，最后双方疏导情绪，并协商解决方法。

●●●

案例 1

A：每次孩子摔倒的时候，你妈就跟他说：“宝宝不哭，我们打地板！地板坏！都怪地板，把我们宝宝绊倒了！”我跟她说了不能这么说，她嘴上说好好好，下一次孩子摔倒时还是这么说。

你说怎么办？！（抱怨）

B：那就只能再跟她说说咯，她不改我也没办法。（在未疏导情绪的情况下试图解决争议）

A：你这种态度让我觉得很无力诶。她是你妈，不是我妈，我只能客客气气跟她讲，没法引起她重视。我跟你讲，你也不重视。我一点儿办法都没有，只能在一边干着急！（抱怨，并表达自己的感受）

B：你不用这么着急啊，这种话也就是孩子小的时候说说，孩子又不会当真。（继续在未疏导情绪的情况下试图解决争议）

A：育儿书上说了，这样说会让孩子形成错误归因，养成受害者心理，以后一辈子当个巨婴！哎，我怎么这么倒霉，摊上你们这一家人……（情绪未得到疏导，攻击即将开始）

B：好了好了，亲爱的，你生气和着急是有道理的。你担心我妈这样安慰孩子，以后会给孩子造成很不好的后果，但你碍于长辈面子，又不好特别严厉地要求她改正，所以你才会生气和着急。（承认 A 的情绪有其合理性，并站在 A 的视角说出原因）

A：对啊，而且我跟你说，你也不重视，我就更着急了！（合理性得到承认，情绪缓和下来，进一步使用“你做了 XXX，让我觉得 YYY”句式，解释情绪产生的原因）

B：你着急是有道理的，因为你觉得跟我抱怨了以后我不作为，你更生气了。（继续站在 A 的视角说出她产生情绪的原因，以疏导情绪）

A：嗯，是啊。（情绪彻底缓和下来）

B：其实我一方面觉得没多大事儿，另一方面觉得跟我妈说了也没多大用。她那辈人就习惯这样说话，你跟她讲道理，道理上她觉得你对，但是下一次孩子摔倒的时候，她下意识脱口而出的还是那些话。（**疏导完情绪，开始引入自己看待事件的视角**）

A：哎，我也知道，但我们总还是可以再努力一下，再跟她说说，实在改不了也没办法。（**情绪已经缓解，开始对 B 的观点表达同意**）

B：那这样吧，我再去跟我妈说说。但她要是改不了的话，那只能我们自己跟孩子相处的时候，在这方面多注意着点儿，不要让孩子养成怨天尤人、怪天怪地的习惯。（**疏导完情绪后，开始协商解决方案**）

A：行。我相信我们对孩子的影响力，终究还是比你妈对孩子的影响力更大的。（**同意解决方案**）

B：是啊，只要我们作为爸爸妈妈在这方面做得好，孩子不会长歪的。你也别太担心了。（**冲突解决**）

在以上案例中，夫妻二人最终达成的解决方案，其实也就是 B 一开始说的“那就只能再跟她说说咯，她不改我也没办法”。但在情绪得到疏导之前，解决方案是无法被接受的。这是因为很多时候，只有我们的视角被接受了以后，我们才能够接受其他人的观点，进而与他人商议解决方案。这就是承认情绪合理性的重要意义所在。如果 B 犯了上一节中的错误，在公式走完之前就引入了“但是”，那么这场沟通同样会“脱轨翻车”。

●●●

案例 2

A：每次孩子摔倒的时候，你妈就跟他说："宝宝不哭，我们打地板！地板坏！都怪地板，把我们宝宝绊倒了！"我跟她说了不能这么说，她嘴上说好好好，下一次孩子摔倒时还是这么说。你说怎么办?！（**抱怨**）

B：那就只能再跟她说说咯，她不改我也没办法。（**在未疏导情绪的情况下试图解决争议**）

A：你这种态度让我觉得很无力诶。她是你妈，不是我妈，我只能客客气气跟她讲，没法引起她重视。我跟你讲，你也不重视。我一点儿办法都没有，只能在一边干着急！（**抱怨，并表达自己的感受**）

B：你不用这么着急啊，这种话也就是孩子小的时候说说，孩子又不会当真。（**继续在未疏导情绪的情况下试图解决争议**）

A：育儿书上说了，这样说会让孩子形成错误归因，养成受害者心理，以后一辈子当个巨婴！哎，我怎么这么倒霉，摊上你们这一家人……（**情绪未得到疏导，攻击即将开始**）

B：好了好了，我妈那样说是不对，但是你至于这样上纲上线吗？你自己带孩子的时候难道就没讲过一句错话，全都照着书养？天天揪着我妈那一点小错叽叽歪歪，我妈没有功劳也有苦劳，她干得好的地方，怎么没见你夸她？（**在还未疏导完 A 的情绪时便通过"但是"引入自己的情绪**）

A：好好好，是我上纲上线、无理取闹，好了吧？现在你儿子摔倒了怪地板，以后他不好好学习怪老师、找不到工作怪父母的时候，你可别说我没教育好他。（**情绪的合理性未得到承认，察觉到 B 的反击，语气开始阴阳怪气起来**）

和之前一样，在以上案例中，B 犯的错误是在还没有承认 A 情绪的合理性之前就加入了“但是”二字。B 可能以为，说一句“我妈那样说是不对”就已经是承认 A 情绪的合理性了，已经足够了，但 B 实际上没有完整地走完公式的第二和第三步。B 的这种表达方式被我称为“以退为进”，因为在 A 的耳朵里听起来，B 那样说的潜台词是“我都退一步了，你还要怎样？难道你就没有错吗？”这当然无益于安抚 A 的情绪，更别提协商出两人都同意的方案了。显然，B 内心中对 A 的态度也早已有些不满，那么正如上文所述，B 需要等待整个公式走完之后，在新一轮的沟通中提及自己的情绪。

●●●

案例 3

A：每次孩子摔倒的时候，你妈就跟他说：“宝宝不哭，我们打地板！地板坏！都怪地板，把我们宝宝绊倒了！”我跟她说了不能这么说，她嘴上说好好好，下一次孩子摔倒时还是这么说。你说怎么办?！（**抱怨**）

B：那就只能再跟她说说咯，她不改我也没办法。（在未疏导情绪的情况下试图解决争议）

A：你这种态度让我觉得很无力诶。她是你妈，不是我妈，我只能客客气气跟她讲，没法引起她重视。我跟你讲，你也不重视。我一点儿办法都没有，只能在一边干着急！（抱怨，并表达自己的感受）

B：你不用这么着急啊，这种话也就是孩子小的时候说说，孩子又不会当真。（继续在未疏导情绪的情况下试图解决争议）

A：育儿书上说了，这样说会让孩子形成错误归因，养成受害者心理，以后一辈子当个巨婴！哎，我怎么这么倒霉，摊上你们这一家人……（情绪未得到疏导，攻击即将开始）

B：好了好了，亲爱的，你生气和着急是有道理的。你担心我妈这样安慰孩子，以后会给孩子造成很不好的后果，但你碍于长辈面子，又不好特别严厉地要求她改正，所以你才会生气和着急。（承认 A 的情绪有其合理性，并站在 A 的视角说出原因）

A：对啊，而且我跟你说，你也不重视，我就更着急了！（合理性得到承认，情绪缓和下来，进一步使用“你做了 XXX，让我觉得 YYY”句式，解释情绪产生的原因）

B：你着急是有道理的，因为你觉得跟我抱怨了以后我不作为，你就更生气了。（继续站在 A 的视角说出她产生情绪的原因，以疏导情绪）

A：嗯，是啊。（情绪彻底缓和下来）

B：其实我一方面觉得没多大事儿，另一方面觉得跟我妈说了也没多大用。她那辈人就习惯这样说话，你跟她讲道理，道理上她觉得你对，但是下一次孩子摔倒的时候，她下意识脱口而出的还是那些话。（**疏导完情绪，开始引入自己看待事件的视角**）

A：哎，我也知道，但我们总还是可以再努力一下，再跟她说说，实在改不了也没办法。（**情绪已经缓解，开始对 B 的视角表达同意**）

B：那这样吧，我再去跟我妈说说。但她要是改不了的话，那只能我们自己跟孩子相处的时候，在这方面多注意着点儿，不要让孩子养成怨天尤人、怪天怪地的习惯。（**疏导完情绪后，开始协商解决方案**）

A：行。我相信我们对孩子的影响力，终究还是比你妈对孩子的影响力更大的。（**同意解决方案**）

B：是啊，只要我们作为爸爸妈妈在这方面做得好，孩子不会长歪的。你也别太担心了。

A：你说得也有道理，谢谢你安慰我。（**冲突解决**）

B：说到我妈，其实我有点儿心疼她。你知道，她年纪也大了，还有些基础病，帮我们带孩子是真的劳心又劳力。（**不带攻击性地表达自己的感受**）

A：这些我不是不知道，我都记在心里呢。（**因为之前的情绪已经得到纾解，此处能够心平气和地同意 B 的话**）

B：我有时候觉得，你在她带孩子上做得不好的地方太过看重，对她做了那么多事，帮了那么大忙这件事本身，却有点儿忽视。我不太忍心再跑到她面前去说她带孩子这里不对、那里不

行，因为我本来就有点儿愧疚……（继续不带攻击性地表达自己的感受）

A：哎，我知道。你心疼她是有道理的，哪个孩子不心疼妈妈。难怪我一开始让你再去跟她讲讲，你老是顾左右而言他呢。我们平时也确实没有经常对你妈表达感谢和认可。（承认 B 情绪的合理性，并站在 B 的视角说出原因）

B：是啊。（合理性得到承认，情绪获得纾解）

A：那要不这样，周末我们带上孩子和妈，一起去好一点儿的餐厅吃个饭，就说知道她平时带孩子辛苦，所以想犒劳犒劳她？（疏导完情绪后，开始协商解决方案）

B：好啊，等犒劳完，她心情好一点儿，我再跟她说说不能教孩子怪地板的事儿？说不定这样她还更愿意接受点儿。（进一步协商解决方案）

A：好。（双方不但解决了冲突，还增进了对彼此的了解和包容，亲密感也有所增加）

亲爱的读者，如你所见，在发生冲突时使用沟通公式，尽快完成“抱怨—沟通感受—协商方案—增进亲密”的循环，能够有效抵御婚姻末日四骑士（批评、辩护、冷战、蔑视）的出现，甚至还能利用冲突，增进夫妻之间对彼此的理解和包容，进一步增加亲密感，使你们即使在育儿的重压下，依然彼此恩爱、互相扶持。公式需要伴侣双方来完成，只有一个人努力是不行的。所以希望伴侣双方能够共同阅读本章，并合作使用公式来解决育儿过程中的冲突场景。实际运用的时候，整个沟通过程肯定不会像公式那样简洁顺畅，但只要双方有意识地运用公式，就会越来越熟练，直到有一天你们形成了沟通方式上的“肌肉记忆”，届时你们将无须拿起本书，就能够在冲突中不偏不倚地依照公式提供的路线，化解每一场冲突。

【练习 2.5】　运用公式解决育儿冲突

请选取一项你们近期发生的育儿冲突，使用公式作为框架来进行沟通，A 既可以直接抱怨 B，也可以对 B 抱怨第三方 C：

第一步

A 的抱怨：____

____

使用“你 / 某人做了 XXX，让我觉得 YYY（生气 / 无助 / 伤心 / 被忽视……）句式，尽量详细地描述使你产生感受的事件，并直白地表达你的感受。

第二步

B 承认 A 情绪的合理性：你感到 YYY 是有道理的，因为______

____

____

（请说几条使 A 产生该感受的原因，说错或说漏都没有关系，重要的是让 A 看到，你有站在 A 的视角上看待事件的意愿。在这一步中，绝对不可以加“但是”。）

A 对此做出回应：我还感受到了 ZZZ，因为__________

____

（纠正或补充自己产生感受的原因）

B 倾听，并进一步承认 A 感受的合理性：你感受到 ZZZ 是有道理的，因为__________

____

第三步

A 或 B 提议解决方案：__________

B 或 A 回应解决方案：__________

请大方地“你来我往、讨价还价”，最好的结果是在彼此尊重的前提下，双方协商出一个互有所得、互有妥协，但都相对满意的方案。如果实在没有令人满意的方案，也请记住：孩子的成长需要呼吸氧气，但不需要吸纯氧。适当放手，顺其自然，父母维护好自己的身心健康和亲密关系是最重要的。

完成这一轮沟通之后，若 B 对某些育儿事项也有不满，请互换位置再来一轮。使用该公式及时解决伴侣间的积怨后，我们才能更顺利地进入到下一节内容——应夸尽夸。

应夸尽夸

在发生冲突时，采取沟通公式“A 进行抱怨+B 承认 A 情绪的合理性+A 与 B 共同协商解决方法”的目的是减少冲突中的负面因素。这样做不仅能够避免婚姻末日四骑士的降临，甚至能将冲突转化为增进伴侣之间的理解与亲密的契机。在减少负面因素的同时，我们也要尽量增加沟通中的正面因素，这样才能最好地维系甚至滋养伴侣感情中的亲密部分。增加沟通中的正面因素有一个简单的实操方法，我在微博上分享过，总结起来就是四个字——应夸尽夸。在心里有积怨的时候，我们很难做到对伴侣应夸尽夸。此时我们需要先使用上文中的沟通公式，把积怨清除，以免踏上冷战或蔑视的不归路。在清除积怨后，我们就可以开始使用“应夸尽夸”的方法来增加亲密部分的支持和关爱。

应夸尽夸说起来简单，即“只要你做的事里有任何值得夸的点，我都要拎出来夸一番”，但这背后，其实是在正向利用心理学所说的“验证性偏见”。验证性偏见是指我们倾向于寻找和收集支持我们已有信念的证据。在冷战和蔑视中，验证性偏见会起到极为强烈的负面作用，因为这时候，我们会在脑海中一遍又一遍地搜寻伴侣做得不好的地方，对伴侣的缺陷如数家珍，来支持你逐渐形成的“这家伙就是个垃圾，已经无药可救，我对他失望透顶”的信念。为什么我们要极力避免冷战、尽量沟通，并且提升沟通质量？很大一个原因就是为了防止负面验证性偏见启动，带我们进入那个“寻求负面证据”的向下螺旋。

而“应夸尽夸”则是这种向下螺旋的翻转版，我们尽可能睁大眼睛，搜寻伴侣做得好的地方，一旦发现就要大声说出来，让对方知道“我看到你做的这件事了，真的很棒 / 谢谢你”。当我们有意识地正向利用验证性偏见时，它能起到巨大的积极作用。它让伴侣互相鼓舞和支持，承认对方的贡献，感谢对方的付出。不断地搜寻证据，加强伴侣双方的信念，即“对方告诉我，我有能力成为一个好伴侣，我也有能力成为一位好父母”。证据不断加强着信念，信念不断推动着行为，行为累积起来就成了事实。这就是正向验证性偏见所起的作用，而它始于你和伴侣之间的“应夸尽夸”。

有人会问：“万一我夸伴侣，把他给夸骄傲了，导致他更不愿意做事了怎么办？”问这个问题的人，小时候可能经历过父母这样的教育：“我不能夸你，把你夸骄傲了怎么办？以后你就不愿意努力学习了。你必须永远觉得自己还不够好才行。”在这种思维里成长起来的孩子，长大后很难自然而然地把夸赞的话说出口。没关系，人脑的可塑性很强，很多思维惯性都是可以通过练习而改变的。思维会塑造行为，行为也会塑造思维，两者是互相塑造的关系。所以，我们可以在行为上有意识地与伴侣互相练习“应夸尽夸”，直到这种“发现优点、说出夸赞”成为你们下意识的思维习惯。如果你们觉得不习惯，可以从规定每天一次互相夸赞开始，养成习惯后再增加次数。

当你觉得你今天做的某件事还没有被看见和承认，你也可以主动提醒伴侣：“今天我做了 XXX，你还没有夸过我呢”。我和空爸就经常这样邀请对方来夸夸自己，一开始还觉得觍着脸请求夸赞有点儿不好意思，但次数多了竟然也开始心安理得地享受起来。比如这几天我们正为空空不肯好好刷牙的事情犯愁。一到每晚的刷牙时间，大人好声好气地拿着牙刷想给空空清洁一下牙垢，但每次空空都嘴巴紧闭，左顾右盼，牙刷连进嘴的路都找不到，更别提刷牙了。空爸不想强迫空空，施行暴力刷牙，但也不希望空空的牙齿就此烂掉。于是空爸上网搜索了一番“孩子抗拒刷牙怎么办”，然后晚上到了睡前刷牙时间，空爸拿出自己的牙刷和空空的牙刷，与空空并排坐下来，他把小牙刷递给空空，告诉他：“爸爸要刷牙喽，你想刷的话可以跟爸爸一起刷。”空爸开始在空空面前向他示范刷牙。空空看着爸爸刷牙，自己也把牙刷塞进嘴巴开始模仿。没刷几下就把牙刷扔掉了，也不知刷的效果如何。空爸刷完自己的牙齿，告诉空空：“好了，今晚刷牙时间结束。”然后就把两人的牙刷收走了。

当空爸向我描述昨晚的刷牙过程时，我发自内心地夸赞了他一句：“我觉得你做得真好。”

空爸有点儿不敢置信，又有点儿小傲娇，他问我：“你说说，我哪里做得好？”

我说：“刷牙不顺利的时候，你会上网搜索，动脑筋思考怎样能更好地给孩子刷牙，同时不引起他对刷牙的反感。而不是想都不想，直接进行暴力刷牙。你重视孩子的牙齿健康，还很努力地不强迫孩子。我觉得这点很棒。”

空爸听了很受用，补充说：“我差一点儿就给他暴力刷牙了，后来我忍住了。”

我摸摸他的手臂，再次说：“我觉得你做得很好。”

其实我也可以说：“你把小牙刷给孩子让他自己刷牙，他能刷得干净吗？你这个方法行不行啊？”

但我知道，任何父母在面临育儿难题、尝试用新方式解决难题的时候，内心都是忐忑的。无须我的提醒，空爸就已经在怀疑新方法的效果了，所以，我作为伴侣，没有必要再次强调结果的不确定性，打击他尝试新方法的积极性。相反，我们需要重视过程，看到伴侣在尝试解决育儿难题时所做出的努力，并大声说出自己的欣赏或者感谢，做到应夸尽夸。

还有些时候，并非伴侣做了什么才能被夸，没有做什么也可以被夸。比如空空 5 个月的时候，有一天凌晨 4 点吃完奶不睡觉，空爸哄了一个多小时。

早晨起床时空爸顶着黑眼圈，愤愤不平地说：“我哄空空的时候其实心里特别生气，很想打他。”

我很快说：“但是你没有真的打他，我觉得你很棒！”

空爸很吃惊：“这你也能夸……那想打他会不会说明我是个

不好的父亲？”

我支持空爸感受的合理性并回答说：“不会，他半夜闹腾，你生气是正常的，因为确实很让人生气。重要的是你即使生气也没有真的打他，这一点已经很棒了。”

我产假快结束时需要联系我的督导，跟她预约时间讨论恢复心理咨询工作这件事，但心里总是犹犹豫豫、没有底气，生怕督导见到我后会觉得我状态不佳。有一天晚上，我垂头丧气地告诉空爸：“我又浪费了一天，还是没有鼓起勇气联系督导。”

空爸安慰我说：“没事的，你已经很勇敢了。”

我反驳说：“可是我又把头放在沙子里埋了一天。”

空爸说：“你看上去好像把头埋在了沙子里，但我知道你在心里默默努力了一天，明天继续加油就好了。”

这就是当伴侣甚至什么都没有做的时候，你们仍然可以互相夸夸的例子。

抚育婴幼儿是一个很辛苦的过程，我们承受的压力比以前没有孩子的时候多了很多，所以此时我们更需要伴侣的看见和赞美。通过有意识的练习，我们可以预防自己或伴侣陷入委屈和怨气。虽然在一开始，我们在练习应夸尽夸时有些刻意，但假以时日，我们很快就能够自然而然地夸赞伴侣、夸赞自己、夸赞孩子，进入正向验证性偏见形成的向上螺旋之中。相信我，比起让自己身处负面验证性偏见之中，即不断地寻找其他人做得不好的地方，来验证你的负面印象，身处正向验证性偏见之中，尽量寻找别人做得好的地方，会让你的生活体验好得多。

【练习 2.6】 应夸尽夸

今天伴侣做了什么事值得夸夸？

1. ______________________

____

2. ______________________

____

我表达夸赞或感谢的话：

1. ______________________

____

2. ______________________

____

今天我做了什么事值得夸夸？

1. ______________________

____

2. ______________________

伴侣表达夸赞或感谢的话：

1. ______________________

____

2. ______________________

____

请注意，这个练习每天都要拿出来做一遍，直到你和伴侣养成习惯，自然而然地表达看见、赞美和感谢。

在这一章中，我们讲解如何在孩子出生后的头几年，在这段充满压力的时期里维系，甚至滋养伴侣关系中的激情和亲密，将伴侣关系打造成为抵御风雨的安全港湾，改善伴侣双方的心理状态，从而让孩子在父母相亲相爱的家庭中成长。下一章，我们将从伴侣关系中抽身出来，回归个人视角，讲解父母如何在养育孩子的过程中自我照料。

第 3 章

如何在亲子关系中照顾自己

削减压力第一步：承认很难

美国心理学家理查德·拉扎勒斯提出，压力可被看作“需求超出了个体所能调用的个人和社会资源”时所产生的感受。很多新手父母发现，有了孩子以后，自己更频繁地体验到比以前更大的压力和随之而来的负面情绪。一个主要原因是婴幼儿对父母，尤其是母亲，提出了巨大的需求。

孩子希望在他饿的时候，妈妈能够一秒钟都不耽搁地喂饱他，母乳量不多也不少；

孩子希望在他困的时候，妈妈能够第一时间识别出他犯困的信号，并且知道怎样把他哄睡，不会让他又疲惫又烦躁地发脾气；

孩子希望妈妈每天抽出很多时间来陪他聊天、阅读、玩耍、郊游，带他认识各种各样的有趣事物；

孩子希望他想玩什么东西时，妈妈就把那个东西拿过来给他，绝不会提出一个“不”字；

孩子希望自己快要摔倒时，妈妈能够准确无误地接住自己，从不会让自己受到皮肉之苦；

孩子希望在自己把房间弄得一团糟之后，妈妈会收拾整齐，而且绝不会为此生气；

孩子希望妈妈找到各种各样的机会去激发他的能力，包括音乐、体育、语言、艺术等，绝不会心疼学费；

孩子希望妈妈有个完美的伴侣，两人从来不会为琐事吵架，可以一起携手关爱、培养自己，让自己拥有一个如同电视广告中的家庭。

孩子对母亲提出了巨大的需求，我很确信，虽然绝大多数母亲都竭尽所能地想要满足孩子对她提出的需求，但没有任何母亲能够全然地满足她的孩子。在面对孩子提出的巨大需求的同时，绝大多数父母的资源则相较没有孩子的时候更为紧张。（资源包括时间、精力、金钱、个人空间、情绪容纳力等。）需求极度增加，而资源则相对减少。在这样的情况下，新手父母就会感受到极大的压力。在育儿的头几年里，金钱、时间、精力、家庭关系的和谐程度、伴侣关系所提供的情绪港湾等，有限资源都将经受极大的压力测试。在测试过程中发生情绪崩溃的父母不在少数。那么我们怎么才能更好地调节身心状态以通过压力测试，甚至在这个过程中学会更多地爱自己，照料自己呢？

在本章，我们会讲解刚刚进入这场测试的新手父母进行自我照料的实操技巧。在开始之前，我们首先要记住一句话：身教永远大于言传，如果你希望孩子长大后能够爱自己、照顾自己，即使在极具压力的时期也是如此，那么他需要你的亲身示范才能学会这个技能。

接下来我们来讲解新手父母可以如何在育儿过程中进行自我照料。首先，我们要学会从源头上削减压力，有意识地将这场“对有限资源的压力测试”难度调低。与直觉相反，调低难度第一步是：承认这件事的难度很高。可能出乎你意料，“承认这件事很难”对一些人来说是一件难事。我不止一次看到新手妈妈崩溃、哭泣，然后说：“为什么我平衡不了事业、孩子和夫妻关系？为什么我总是向伴侣和孩子大发脾气，与此同时，工作也陷入停滞？一定是因为我太差了，我很失败，所以我才搞不定。”而不是说：“平衡事业、孩子和夫妻关系这件事本身就很有难度。永远满足孩子的需求，永远包容孩子的情绪更是不可能的，这放在谁身上压力都很大，所以我感到很不好受。”

使用前一种思维方式的人习惯性地、毫无知觉地对自己苛刻。他们用挑剔的眼光从外在审视自己，而不是从内在感受出发来体谅自己。对自己苛刻的人通常也会对别人苛刻，他们同样也会对伴侣，甚至对孩子说：“为什么你不能同时做好 XX、YY 和 ZZ 呢？一定是因为你要么太懒，要么太差。懒是意愿问题，差是能力问题，总之就是因为你这人不行。”

如果你也是这类人中的一员，那么你需要知道，带孩子生活这件事真的很难。人们都说孩子是礼物、是祝福，但孩子也像是投入你生活中的一枚炸弹，把你的生活炸得面目全非。在生下空空之后，很长一段时间里，我最大的感觉就是“力不从心”。在生他之前，我整天忙于给来访者做心理咨询，阅读、写作、学习，稳步前进，意气风发。空空出生之后，这样的生活戛然而止。我休了 6 个月产假，每天埋头喂奶、拍嗝、洗屁屁、哄睡等。曾经每年看几十本书的我，在产假期间有时想拿起一本书看看，都觉得自己没有脑力应付眼前的字。在网上看到别人说自己如何自律，如何提高，如何精益求精，以前我的心气儿都是“我也做得到”，那时每每看到心头就一紧：“我做不到这些……写这些方法论的人是不是不用带孩子？”我心里很担忧，自己会不会永远困顿于照顾孩子的生活，再也无法成为我想成为的优秀心理咨询师与作家？我感到自己仿佛在一个泥潭中奋力地向前游泳，花尽力气却无法朝前一步。

空空 11 个月大的一天晚上，那种力不从心的感觉又在我心头深深地蔓延开来。空爸看我情绪低落，便问我：“你是不是情愿现在没有空空？”

我犹豫了一下，说了实话：“是的，我情愿现在没有他。”

空爸惊讶地沉默了好几秒。

我说出口后就忍不住地流泪，因为觉得很愧疚。如果空空知道我这么想，他该多么伤心。

我忍不住跟空爸解释：“我这么说是因为我觉得以前的生活要轻松很多，有了孩子之后我太累了。”

空爸说：“我觉得你太在乎他了。如果你太在乎他，你就会很累，进而生发出情愿没有他的感受。你要学会放下。”

我说：“我做不到放下，我就是特别在乎他。你那么说是因为你没有怀他 10 个月。如果是你怀了 10 个月生下来的，说不定你比我还要战战兢兢。”

他说：“确实，我做不来这么难的事。”

孩子的到来像是在生活里投下一枚炸弹，你曾经熟悉的一切都面目全非。炸弹爆炸后的头几年中，你和伴侣埋头重建共同生活，这个过程必然是艰难的。当你责怪自己为什么不能像以前一样轻松地完成各项任务，当你责怪自己和伴侣为什么不能一夜之间将生活大厦重建如初，请告诉自己：“这件事太难了，一时半会儿做不好是正常的，心里有埋怨是正常的，情愿没有生孩子是正常的，想要原地瘫一会儿也是正常的。对我来说是如此，对伴侣来说也是如此。但是一生很长，我们有大把的时间，慢慢来也没关系。”

当你说出这句话时，你会松一口气的。因为情绪内耗的本质，其实就是“当你有某种情绪的同时，你谴责自己有这种情绪”。当你觉得有孩子这件事让你感到很难、很累，你不是试着让自己轻松舒服点儿，而是开始责骂自己不行、太失败时，内耗就产生了。因此，削减压力的第一步，就是承认自己感到困难、感到疲惫、感到挫败，甚至感到后悔的情绪都是合理的。这是结束情绪内耗，改善心理状态的起点。

你可以利用练习 3.1 来觉察一下你带孩子时产生的感受，并且在你习惯性地谴责自己之前先暂停一下，想一想自己产生这种感受的原因。这个练习将有助于你结束情绪内耗，给予自己更多的理解和支持。

【练习 3.1】 终结情绪内耗

我对于带娃的感受	我产生这种感受的理由

示例：

我带娃时产生的感受	我产生这种感受的理由
疲惫	长期睡眠质量低，孩子每晚总要醒一两次，每次醒来都要我哄才能睡着；孩子越来越重，却还是总要我抱，我体力跟不上；上班忙了一天，回家还要陪孩子，让他睡觉还总不肯睡，非缠着我玩到 11 点，太累了……
抗拒、不情愿	孩子最近脾气大了，一个不称心就大哭大闹，包容他的情绪确实有点儿难度，有时候我心情也没那么好，这种时候我情愿自己待着，不想陪他。
无助	我觉得我得到的帮助很少。让伴侣多陪孩子互动，他就在那儿看手机，每次我都看不下去，只能把孩子接过来自己陪。爸妈也不愿意帮忙带孩子，推说自己身体不好，带不动。所有事情都要我亲力亲为，没有人帮我。
……	……

削减压力第二步：只选一项

不要看小红书！

不要看小红书！

不要看小红书！

这是开玩笑……但也是认真的。小红书上充斥着“高效带娃”“自律妈妈”“充实的带娃一天vlog”等标题。在你情绪低落，觉得自己怎么也搞不定育儿带来的挑战时，打开小红书，你会发现别的家长都有办法、有能量。对比之下，你看起来既无知又无能。这对提升你的自我效能感毫无益处。所以，关掉小红书吧，不要把自己放在那种所有人都看起来无懈可击的地方，即使他们宣称自己在教授你某些技巧。

近些年，越来越多人开始注重育儿质量，包括孩子的生理健康和心理健康，这是好事。但注重质量慢慢演变成了育儿焦虑、育儿攀比。若干年以前，为人父母的每日必做清单是：把娃喂饱。仅此而已。而当代父母认为自己需要达成的必做清单包括：

做营养全面又美味好看的辅食或三餐，每天保证两小时户外时间预防近视，睡前给孩子阅读绘本锻炼语言表达能力，陪孩子做游戏，跟孩子说英文营造双语环境，带孩子上早教班以免输在起跑线，给孩子刷牙预防龋齿，为孩子找到同龄人群体让他锻炼社交能力，定期带孩子出去旅游增长见识……当然，所有日常琐事都还保留着，包括冲奶粉、洗奶瓶、换尿布、洗澡、洗屁屁、哄睡等。

如果你轻松地完成了所有事情，那么恭喜你，你真的是很厉害的父母。但如果你发现自己完成不了这么多事，那么你需要先回到第一步，拒绝情绪内耗。告诉自己，感觉很难完成那么多事情，是正常的，因为这本身就是“mission impossible”（不可能完成的任务）。第一步完成后，我们就来到第二步：削减育儿每日必做清单。

现在，请拿起笔，把除了维护孩子日常起居的事件（换尿布、冲奶粉、洗澡等）以外，你想要坚持的唯一一件育儿任务在练习 3.2 中写下来。是的，唯一一件。

养孩子就像做蛋糕，“保证孩子健康活着”的日常事务是蛋糕糕体，而所有那些为了孩子好、提高孩子竞争力、让孩子卓越成长的事项都是蛋糕上的裱花。裱花有一种最好，没有也可以，但太多花花绿绿的裱花会把蛋糕弄得很难看，甚至把蛋糕压垮。现在停下来，闭上眼睛，拨开网上纷纷扰扰的育儿指导，扪心自问一下：你想要选择留下哪一个裱花？

有些人特别注重孩子的口腔健康，所以选择坚持每晚睡前给孩子刷牙。这很好，如果你选择坚持让孩子刷牙，并且在苦口婆心、以理（力）服娃的过程中耗尽心力，那么睡前绘本阅读就可以免了，刷完牙直接睡觉吧。

有些孩子比较挑食，不好看、不好吃、花样不翻新的食物就坚决不吃，那么在为孩子精心准备合他胃口的辅食之后，你再也没法带孩子保证每天 2 小时的户外活动，这是可以理解的。

有些人下了班之后还要上视频课，提高自己的英语口语，就为了给孩子做双语启蒙，这很令人敬佩，那么当这样的家长觉得自己无法每年两次带孩子出游增长见识的时候，请告诉自己已经做得够多了，无须再横向比较、自我苛责。

不要用扣分的思维来看待自己。很多习惯强烈苛责自己的父母，内心活动总结起来就是：无时无刻地在给自己评分，而且使用的是一套扣分系统。一有做得不够好的地方就立刻给自己严重扣分，“孩子长了一颗龋齿？扣成不及格！我做的辅食孩子不爱吃？扣成负分！我这个人根本带不好孩子，我为什么要把孩子生出来？呜呜呜……”

既然我们一时半会儿做不到扔掉评分，完全不评判自己，那么可以试试把“扣分系统”换成“加分系统”。使用扣分系统时我们专注于寻找“扣分项”，而使用“加分系统”时我们有意识地把目光用来寻找“加分项”。这其实是很多擅长鼓舞自己的人所使用的思维活动模板。我做了所有日常事务，让孩子健康安全地成长着，就已经有 60 分了。我添加了一项裱花，即周末带他去附近公园里的儿童乐园玩，那么我已经成绩优良了。给自己一些应得的认可吧，因为只有每天被加分鼓励着，我们才能更加愉悦且长期地给予孩子爱与接纳。

如果你做某种裱花的时间已经很长，它几乎已经融入糕体，你感到非常轻车熟路，无须再为它额外花费力气，那么此时你可以再添加一项裱花。比如孩子已经养成了睡前刷牙的习惯，孩子刷牙这件事已经不再耗费你的心力，那么可以添上“睡前阅读绘本”这个裱花。如果这个时刻还未到来，那么就采纳温尼科特的“60 分妈妈”思想：到这里就可以了，已经无须更好了。

●●●

案例

韩女士注意到自己对母亲有极大的愤恨，同时又对这种愤恨感到十分内疚，她无法调和这种内心冲突，因此前来进行心理咨询。根据韩女士描述，她的母亲在外人眼里一直以来是一个无可挑剔的好妈妈。韩女士 10 岁时，因父亲赌博，韩母与其离婚。韩母没有像很多其他离异家庭那样，把女儿扔给她的祖父母带，而是坚持把孩子带在身边。韩母白天工作，下午把女儿从学校接回家，然后做饭，晚上洗完碗之后还要盯着女儿写作业。就算女儿年级升高后，韩母已经无法指导学习，但她还是每晚坐在女儿身边，叮嘱她好好学习。韩母不要求女儿做任何家务，每到周末便对家里进行大扫除，然后说：“妈妈为了让你有个好的学习环境，把能干的都干了，你可要争气啊。”韩母离婚后便没有再嫁，当其他人询问是否要给她介绍合适的男士时，她便说："我女儿考上大学前我不会考虑的，一切以女儿的学业为重。"当女儿如愿考上不错的本科时，亲朋好友前来祝贺，并说："你真的要感谢你的妈妈，多亏了她数十年如一日、含辛茹苦的付出！别人打着灯笼都找不到这么好的妈妈。"韩女士听了这话，成就的喜悦荡然无存，剩下的只有被亏欠感压得喘不过气的感觉，以及"万一我未来做不到这么好了，那就完蛋了，我会让妈妈的一切辛劳都失去意义"的恐惧感。

既然有那么好的妈妈，韩女士为什么还不快乐呢？她说："我知道妈妈真的很辛苦，她为了对我好付出了一切。但在巨大的'好'面前，任何微小的不足也会被映照成巨大的'坏'。考试成绩差几分，去同学家玩忘了时间导致晚回家半小时，想要逃掉周末的补习班，吃饭时油渍把衣服溅脏了……这些事情都成了连我自己都不可饶恕的罪过。我妈妈那么好，我怎么能用考砸了的成绩让她失望呢？我怎么能晚回家让她等我吃饭呢？我怎么能逃掉她用血汗钱给我报的补习班呢？我怎么能把衣服弄脏，加重她洗衣服的负担呢？最重要的是，我妈妈都已经这么好了，她做了一切能为我做的事情，我竟然还恨她的好！我真是个罪大恶极的人……"韩女士痛哭了起来。

在大学专业的选择上，韩女士知道自己喜欢的是文艺类专业，但因为妈妈觉得读金融专业更有前途，所以她最后还是选择了读金融专业。她说："我妈妈这么好，为我付出了一切，我怎么可以忤逆她的想法？难道我要去读艺术专业，将来让妈妈为我找不到工作或者工资低而继续担忧吗？”大学毕业后，韩女士从事着自己不喜欢但压力极大的工作，最终因无法调节情绪开始了心理咨询。

作为心理咨询师，我每天都在目睹人性的幽深与复杂。所以我深知，很多时候事情并非“如果我能成为100分的家长，那么我的孩子便会百分百的好，对我有百分百的爱”这么简单。因为当我们在追求成为100分家长的时候，我们也是在绞杀所有不足。不管是养育环境中的不足，还是我们自己身上的不足，我们都想要用“做到更好”来消除或者掩盖。久而久之，孩子会继承这种心态，无法容忍自己身上任何的“不够好”，因为任何没有做到100分的地方都意味着他亏欠或者背叛了他那追求满分的父母。而且，孩子也会没有办法原谅自己对父母的攻击性。你该如何对一个“尝试做到百分百好的人”生气或者失望呢？这种攻击性必然会被转嫁给孩子自身，形成他对于“全好父母”的罪疚感。

而如果我们心甘情愿地做“60分父母”，便意味着我们可以坦然地接受自己的有限与不足；孩子也会继承父母的态度，乐乐呵呵地接受“大部分都很好，小部分不够好”的自己。与此同时，孩子能够顺利地产生对父母生气和失望的感受，因为父母坦然接受自己的不足，所以他们也就能够坦然接受孩子对于自己不足的部分产生负面情绪。在这个过程中，孩子将学会重要的一课：我们可以既深爱着一个人，同时也对他感到生气和失望。一段爱的关系能够消化负面情绪，原谅小小的瑕疵，然后继续前行。这就是为什么最好的父母并不是满分父母，而是及格且快乐的父母，这也是本书想要帮助你达到的目标。

就像上文所说，为了成为“及格且快乐”的父母，我们需要把“保证孩子健康活着”的日常事务做好，这是蛋糕糕体本身，然后再选择一样让孩子卓越成长的事项作为蛋糕的裱花即可。请在练习 3.2 中，列出你目前给自己安排的育儿任务，看看你在蛋糕上添加了多少裱花。然后选择唯一一个你想要留下的裱花，并写下原因。

【练习 3.2】　只选一种裱花

目前我给自己安排的每日育儿任务：

- ☐ 精心准备辅食
- ☐ 2 小时户外活动
- ☐ 睡前阅读绘本
- ☐ 做游戏
- ☐ 英语启蒙
- ☐ 上早教班
- ☐ 早晚刷牙
- ☐ 带孩子去找同龄人群体玩耍

- ☐ 定期旅游
- ☐ ____________
- ☐ ____________
- ☐ ____________

只留一项育儿任务，我选择留下:________________________

理由是:____

示例:

只留一项育儿任务，我选择留下：每天阅读绘本

理由是：我希望培养孩子的口头表达能力；我自己就很喜欢读故事，阅读绘本是我可以享受的活动；另外，阅读绘本可以由父母、伴侣和我轮流进行，不一定全都要由我来完成。这项育儿任务对我造成的负担不大，可以轻松完成。

微应激源与被迫感

长时间地照料孩子，本是家长与孩子形成紧密的亲子联结的过程，但也有很多父母在长时间带孩子后情绪变得非常差，无法控制地做出损害亲子关系的行为。从心理学的角度来看主要有两方面的原因：一方面是带孩子过程中琐碎困扰的频发性，另一方面是照顾者对承受压力源所感受到的被迫性。

心理学家将日常生活中轻微但频繁、琐碎的困扰称为微应激源（microstressor），日常困扰的频率与心身健康，尤其是与心理障碍或应激相关疾病密切相关。所以我们不要以为只有重大负面生活事件才能对心身健康造成影响，比如家庭成员死亡或者失业，其实频繁发生的琐碎的困扰也能损害日常情绪和躯体健康。

而在照料孩子的日常过程中，琐碎的困扰发生得特别频繁：

比如当孩子吃饭把桌面地面、自己身上弄得一团糟时，家长做完饭、喂完饭后还不得不花大力气进行清洁打扫；

比如孩子玩耍的过程中总喜欢做一些可能危及安全的危险动

作，攀爬家具、吞咽异物等，家长在看护时要时刻保持警惕，在该类行为发生时及时制止，制止后还要忍受和安抚孩子由于被制止所产生的哭闹；

再比如家长已经很疲惫了，但得等到哄睡孩子之后自己才能睡觉，可是关灯后孩子怎么也不愿入睡，翻来滚去、拍拍打打、咿咿呀呀地折腾一个小时……

这些都是带孩子的日常生活中几乎每时每刻都在发生的事情，这些频频发生的“微应激源”会对照料者的身心状态产生实际影响。父母的资源（时间、金钱、精力等）越是紧张，对于带娃质量的要求越高，“小烦恼”对情绪所产生的损害就会越大。

被带娃搞得情绪崩溃的父母，一方面是因为上文所述的微应激源的频发性，另一方面是因为“被迫承受带娃压力”的情绪基调。对于后者，他们通常自己也没有察觉到。

习得性无助理论认为不可控制的压力是抑郁症发病机制中的一个关键性致病因素。心理学家找到79名健康被试[①]参与轻微电击实验，他们发现，相比被试能够自主减弱电击强度或者能够预测电击发生的情况，当被试不能减弱电击强度，或者不能够预测电击的发生时，他们会体验到更大的焦虑感。[②]实验表明，应激源的不可控制性和不可预测性会提高易感者的抑郁和焦虑水平。与不可控制性和不可预测性相对的是对于应激源的掌控感，所谓

① 指心理学实验或测验中接受实验或测试的对象，可产生或显示被观察的心理现象或行为特质。——编者注

② https://pubmed.ncbi.nlm.nih.gov/26669536/

掌控感，就是“面对应激源，我是有退路的，我可以在想逃走的时候逃走，也可以在想主动承受压力的时候再回来承受压力。与此同时，我可以自主调节压力的大小”。

这个实验结合微应激源理论向我们揭示：面对日常生活中频频发生的“带娃微应激源”，如果家长感觉自己“没有任何退路和选择，只能硬着头皮上，被迫在承受带娃压力”的话，那么这两个因素结合起来，家长抑郁和焦虑水平会直线上升；而如果家长对带娃压力是有控制感的，觉得自己能够自主地对压力大小和发生时间进行一定的控制，那么家长就不会轻易被焦虑和抑郁情绪压倒。

请求外援，为自己铺建“逃生通道”

现在我们知道，为什么有些家长在亲子关系中情绪会变得这么差，其实是因为他们每天不断地承受着微应激源，同时，他们对于这种压力来源的掌控感很低，觉得自己无路可逃。而改善的重点，一方面在于降低被迫感，让自己重获对压力源的掌控感，即使只有小小的掌控感也会对改善心理状态有巨大的作用。另一方面则在于降低微应激源对家长所产生的刺激程度。

我们先来说前者，即如何降低被迫感，提升掌控感。有些人会说，没有任何人能帮我，我就是不得不 24 小时承受带娃的压力，一点儿办法都没有。在咨询经验中我发现，虽然一点儿资源都调用不到的人的绝对数量肯定很大，但在比例上是很小的。绝大多数人都拥有一定的资源，只是出于种种心理障碍而无法主动调用那些资源。

●●●

案例

林女士的女儿在 2 岁时被诊断为语言和精细运动发育迟缓，当时林女士就下定决心，以后要用心给予孩子大量高质量的陪伴，于是她花费很多时间和精力陪孩子互动、游戏、说话等。到 3 岁时医生已经确认孩子追上了正常的发育水平，但此时林女士的脾气开始越发不好，几乎每天都会冲孩子发火，理由五花八门，比如看到孩子抗拒刷牙，出门前穿衣服很磨蹭，饭前不盯着洗手就偷工减料，给她读绘本时她分散注意力跑去玩别的玩具等。林女士自知冲孩子发脾气不好，每次发完火之后很自责，会自己默默流泪，也会向孩子道歉，可是下一次“微应激源”出现的时候又会忍不住情绪失控。林女士自觉情绪状态不对，害怕再这样下去给孩子留下创伤，于是来寻求心理咨询师的帮助。

经过几个月的谈话，我发现在林女士的内心深处，从孩子被判断为发育迟缓的那一刻开始，她就下定决心“一定要把所有空余时间都用来给予孩子高质量的陪伴”。这个决定一方面是出于对孩子的爱，另一方面也带着一种被迫感。换句话说，她并不觉得自己有任何其他的选择。林女士的丈夫长期出差在外，偶尔才会休假回家一次。原先长辈也会帮忙带孩子，但是林女士觉得他们的陪伴不够“高质量”，所以谢绝了。在她的主观世界里，竭尽全力地陪伴孩子是她应该且必须做的事情，而且全家唯有她才能做到，没有任何人可以替补。但是当医生确认孩子是正常的之后，林女士这种长期“被迫承受压力的感觉”显现了其情绪后果，当她看到花了那么多时间和精力倾心陪伴的孩子还是磨磨蹭蹭、平平无奇，没有任何地方超越同龄人，她就会爆发怒气，潜意识里觉得“我被迫付出了那么多，全都打了水漂，一点儿回报都看不见”。

我对她说：“那种被迫感似乎来源于有些时候你并不想陪伴孩子，而是想休息一会儿，去干点儿别的事，但你又觉得只有你能给孩子高质量陪伴，没有任何其他人可以替换你或帮助你，所以你强迫自己留在孩子身边，在这个过程中你产生了很大的怨气。”林女士肯定了我的看法，然后她重申了丈夫长期不在身边，长辈又带不好孩子的“事实”，所以自己只能硬着头皮上，被迫每天承受带娃的压力。

又聊了几个月，林女士对于求助他人的一些潜意识想法逐渐浮现。她担心，如果在孩子被判断为发育迟缓的情况下仍然让长辈带孩子，那么孩子以后好转了，“功劳”就全是长辈的，她会欠长辈很大的人情，以后在他们面前只能“低声下气，抬不起头来”；如果孩子以后没有好转，那么她这个当妈的更要被指责：“把孩子扔给老人带，对孩子不管不顾，害了孩子一辈子。”

以林女士的家庭条件是请得起育儿嫂的，但她把这个选项也排除了。一方面是因为她担心育儿嫂带得时间长，孩子以后就不跟她亲了；另一方面也觉得自己“不配”每个月花那么多钱来请人给自己带孩子。至于在丈夫休假时没有把孩子交给他来带，是因为林女士在夫妻关系中一直处于弱势，不太敢强硬地提出这个需求，这个选项也被放弃了。

把所有外援都排除的林女士，就像是把一条条“逃生通道”全都堵死，把自己牢牢反锁在“带娃”这间房间里，然后因为自己被迫留在孩子身边承受压力而积攒怨气。每当孩子达不到她的要求时，她就会因为觉得自己被迫的付出没有得到回报而愤怒不已。

林女士觉察到这些潜意识焦虑后，便得以理性地评估它们，并想出办法来帮助自己。首先她删除了一些之前自己坚持的育儿事项。比如读绘本，既然孩子目前对绘本没有多大兴趣，在读绘本时总是跑去玩别的，那么近期就不读绘本了，这样林女士就可以主动避免一些明知会让自己感到挫败的事情。

其次，她思考了一下，如果请长辈帮忙带孩子，以后长辈话里话外对她不客气，对她的小家庭横加干涉，这个代价是她为了改善自己眼下的情绪愿意付出的吗？她觉得是的，于是她开始每周把孩子送去长辈家住两天。她也明确地对丈夫说，她带娃的时间太长以至于自己心情非常糟糕，希望他休假回家时能多带孩子出去，留给她一些没有孩子在身边的个人空间。丈夫同意了，并表示其实他本来就想趁休假时体验难得的“父女单独相处的时光”。

当林女士开始尝试调动资源、调节自己的带娃压力时，她逐渐获得了一定的掌控感。“时时刻刻在被迫带娃”的感受变淡了，这让她更能享受和孩子在一起的时光，对孩子的种种表现也有了更高的包容度。

知道自己有退路，在想要逃走时是可以逃走的，这一点对于以良好的心态应对压力极为重要。只是很多时候，我们太习惯于“咬咬牙，逼自己硬着头皮上”，而忽视了为自己准备好“逃生通道”的重要性，这反而会降低我们应对压力的能力。你可以利用练习 3.3 来盘点自己拥有的潜在资源，以及思考可以如何调用它们来为自己减轻负担、改善情绪。

【练习 3.3】 盘点资源及其调用方式

资源来源	调用方式	获益	可能的代价	我是否愿意付出这个代价

示例：

资源来源	调用方式	获益	可能的代价	我是否愿意付出这个代价
伴侣	要求伴侣下班到家吃完饭后开始陪孩子玩，一直到哄睡。	每晚 8 点到 10 点我将拥有不受打扰的个人空闲时间。	陪伴质量不够高，孩子可能会不满意，更想要妈妈陪。	是

（续表）

资源来源	调用方式	获益	可能的代价	我是否愿意付出这个代价
长辈	询问长辈是否愿意在周末下午带孩子去公园遛弯。	周末下午我可以去看电影或和朋友聚餐，恢复往日的爱好。	长辈的带娃方式有些是我看不惯的，需要忍耐。而且长辈可能借此干涉我的育儿方式。	是
钟点工	花钱	打扫卫生、做饭和做辅食的任务可以委托出去。	金钱付出；这些事务的特定要求需要跟阿姨讲清楚，在长期合作的过程中可能需要反复说明。	是

理解应激点，降低反应度

改善家长带娃时的情绪，一方面在于“为自己铺建逃生通道”，提高对压力源的掌控感；另一方面，我们也要进行尽力觉察，为什么孩子的某些行为或表现会让自己产生极大的压力，以至于形成了频频发生的微应激源？

●●●

案例

沈女士的孩子2岁多了，这两年来沈女士可谓是心力交瘁。她反复诉说自己带孩子是多么地含辛茹苦，却不被家人理解。后来我们发现，最消耗她心神的是孩子的健康问题。孩子刚出生没多久后就开始发湿疹，沈女士又非常重视，认为可能是母乳导致的，所以进行了严格的忌口。由于在哺乳的同时严格忌口，沈女士两个月瘦了10斤，整个人形容枯槁。后来发现忌口没用，沈女士又觉得可能是家中尘螨引起，于是她规定家里的所有床单被套必须一周换洗两次。随着孩子长大，湿疹有所好转，但有时会因为感染病毒而发烧。每一次孩子生病，沈女士都如临大敌、惶恐不安。在孩子两次生病的间隔，沈女士也非常紧张，她要求孩子在外出玩耍时不可靠近任何其他小朋友，以免被传染疾病。如果某天儿童乐园里来了较多小朋友，那么她会立刻中断孩子的玩耍，转移游玩地点，而且回到家后必须马上给孩子洗澡，把皮肤表面可能沾染上的病毒洗掉。当天晚上必须早睡，以便身体更好地抵抗可能已经入侵的病毒。家里所有人只准吃果肉柔软、不带核的水果，那些可能会造成幼儿窒息的水果一律不准出现在家里，包括樱桃、葡萄、荔枝等。

在日常生活中，任何可能会让孩子生病的潜在因素都让沈女士紧张焦虑。涉及孩子健康相关的任何事件对沈女士来说都是一种应激源，让她持续处于紧绷的状态。家人反复告诉她不必如此紧张，但她并不觉得自己反应过激，只是觉得筋疲力尽，还经常会因为觉得家人不配合她采取保障孩子健康的必要措施而歇斯底里地发脾气。当我们的咨询工作日渐深入，沈女士与孩子健康相关的潜意识想法逐渐浮现出来。其实，沈女士打心眼里就觉得自己的孩子不可能茁壮成长。

我问她："当你看到别人家的孩子时，你也觉得这个孩子很有可能会在成长过程中因为生病而去世吗？"

沈女士想了想说："不会。"

我问："那你为什么觉得自己的孩子很有可能会在成长过程

中因为生病去世呢？”

沈女士沉思半晌，说道：“就好比不同的土壤有不同的肥力，有些女人可能会觉得自己土壤肥沃，有充足的养分可以孕育出健康的下一代，而我觉得自己就像是非常贫瘠的土壤，根本开不出朝气蓬勃的花朵。我的花朵，如果不精心呵护就很有可能被摧折。”

在怀孕以前，沈女士就总是害怕自己会得癌症死掉，活不到中年。而怀孕期间，她不是担心孩子有先天性疾病，就是害怕自己分娩时会出现意外。顺利生下一个健康的宝宝后，她又担心孩子随时可能会染病去世。每一次孩子显露出患病的迹象，都成了与沈女士潜意识想法契合的证据，让她极度担忧自己的幻想会成真。

经过不断地深入了解，沈女士觉察到，这些担忧很有可能是由她儿时对母亲身体健康的担忧幻化而来。根据描述，沈女士的母亲多年以来都表现出体弱多病、脆弱无助之姿。尽管医生确认沈母的身体并无大碍，但她仍然宣称自己有诸多症状：头疼、胸闷、盗汗、腿酸……一有风吹草动，就必须卧床休息。沈母以这样的方式成了整个家庭的关注焦点，而儿时的沈女士活在“妈妈很脆弱，全家人必须小心翼翼，否则妈妈就会死掉”的恐惧里。在原生家庭中，沈女士从未目睹任何家庭成员拥有“轻松愉快、生机勃勃”的生命姿态，相反，死亡和病痛的阴影始终如影随形，潜伏在日常生活的表面之下。这一切让沈女士的死亡焦虑格外严重，而这种死亡焦虑在她的孕产和养育的过程中集中爆发出来。这是因为孕产和养育本质上是延续生命的繁衍行为，仿佛是生命之光重新灿然绽放的过程，而之前就一直处于阴影中的死亡焦虑也随之极度膨胀，导致沈女士不由自主地担忧孩子的健康。

当这些潜意识材料浮现出来之后，沈女士才能够承认，也许自己确实过度焦虑了。她松了一口气，说道：“也许在面对孩子的健康问题时，现实的危险程度只有 3 分，而我自己的死亡焦虑却有 7 分，两者加起来，就让我有了 10 分的恐惧不安。”沈女士决定在与孩子健康相关的问题上让自己放松一些，尽量不在 3 分的现实危险的基础上再加上自身的焦虑，以免自己太过恐慌。于是，儿童乐园里出现其他小朋友，家人吃葡萄，孩子流鼻涕等终于不再成为能轻易刺激到沈女士的微应激源了。

正是由于我们无微不至地照料和关爱着孩子，与孩子相关的细节才会成为我们内心中各类情感的放大器。虽然每一位家长在照顾孩子的过程中，都会频频经受微应激源的考验，但不同的人面对的是不同的微应激源。未经觉察的死亡焦虑使任何可能影响孩子健康的因素成了沈女士的微应激源，而其他可能的应激源包括：

> 对于喜欢保持家中干净整齐的家长来说，孩子吃饭时弄得地上、脸上、衣服上沾满油渍，孩子玩耍时把纸巾盒里的所有纸巾统统抽出来乱扔，孩子看到刚刚叠好的干净衣服便冲过去扫到地上等行为，都是微应激源。
>
> 对于习惯把一整天的日程都安排得井井有条的家长来说，孩子没有时间观念，出门前磨磨蹭蹭，在外面玩得不肯回家，趴在地上哭闹抗议，或者想一出是一出，例如晚上 10 点坚持

要去楼下玩，或者突然早醒或是晚睡等，都是微应激源。

对于原本就在社交场合中较为羞涩胆小的家长来说，孩子在和其他孩子一起玩时被推搡、被吼、被抢玩具、被插队，或者孩子为无法加入同龄人一起游戏而苦恼等，都是微应激源。

对于在外很注重体面形象的家长来说，在餐厅吃饭时，孩子趁大人不注意往地上扔碗筷刀叉，孩子在动车或飞机上因为耳压变化而尖叫哭闹，孩子在公共场合突然大便却没有地方洗屁股换纸尿裤，只能周身散发屎臭味直到回家，这些事情都会成为微应激源。

对于总是暗暗担心自己落后于人的家长来说，孩子的身高体重不达标，大运动 / 精细运动 / 语言等方面的发育落后于平均水平，甚至孩子不如别人家孩子吃得多等事件都会成为微应激源。

我们都有在带娃过程中不知不觉情绪就变得非常糟糕的经历，此时，我们需要停下来观察一下，在照料孩子的过程中，哪些方面的事情最容易给我们带来心理压力，然后问问自己，为什么这类事情会让我们如此紧绷？我们的心理如何与现实相互作用，使得孩子的某类特定行为容易给我们造成极大的情绪反应？觉察之后，也许我们能够像沈女士一样，理解孩子的某些行为在现实中的严重程度和我们内心中的严重程度是两码事，并且能够选择主动淡化自己的情绪反应。

如果你做不到觉察与淡化，那也没关系，我们还可以通过与家人分工合作来减轻特定微应激源对我们造成的情绪负担。比如空爸有轻微的“社交恐惧症”，平时在与成年人的交往中就常常不知道该说什么、做什么，更不用说处理有孩子在其中的社交场景了。空爸每次带孩子出去，遇到别的家长或是孩子时他都会很尴尬，不知道说什么合适。有一次空爸带空空出去玩，一位大妈路过，想逗逗空空，就笑眯眯地牵起空空的手问要不要跟她回家？空爸本意是想提醒空空注意，不可以随便跟陌生人走，但脱口而出的却是一句:“别碰他！！”大妈自讨没趣，瞪了一眼空爸便走了。空爸也觉得自己反应过度了，很是尴尬。后来空爸极少单独带空空出门，为的就是避免这类对于他而言略显复杂的社交场景。因为我对这类社交场景更为得心应手一些，所以带孩子出门玩的任务就落到了我身上。但对于我来说，如果空空吃饭时用油腻腻的手弄脏我的衣服，我会特别受不了，所以只要空爸在家，我总是让他先陪空空一起吃饭，之后才去独自用餐。通过分工合作，我和空爸都能尽量减少自己承受特定微应激源的频率，让自己在带娃时保持情绪愉悦。你可以通过练习 3.4 来对微应激源及其产生原因进行觉察，并思考如何通过与家人分工协作来降低自己承受微应激源的频率。

【练习 3.4】 觉察应激源，淡化或规避

1. 在平时照顾孩子的过程中，哪类事情特别容易刺激你，成为你的微应激源？请勾选或补充：

- ☐ 当孩子显示出不健康的迹象
- ☐ 当孩子做出不安全的动作
- ☐ 当孩子没有保持家中的干净整洁
- ☐ 当孩子打乱了一天的日程
- ☐ 当孩子在社交场景中遇到困难
- ☐ 当孩子看起来不太体面
- ☐ 当孩子某方面落后于平均水平
- ☐ ____________________
- ☐ ____________________
- ☐ ____________________

2. 请思考，这类事情之所以成为你的微应激源，跟你自己的性格或内心情感有着怎样的联系？如果满分是 10 分的话，这类事件所造成的现实麻烦程度占几分，你内心的焦虑占几分？

____

____

____

示例：孩子在公共场合尖叫哭闹，尽管我努力安抚，但仍有约 15 分钟的时间无法安静下来。我当时非常焦虑，汗都冒出来了。当孩子好不容易安静下来后，我感到一阵虚脱，随之而来的便是对孩子的愤怒，后续一整天都很想要对他发脾气。现在回想起来，这是因为此事成为我的微应激源了。它所造成的现实麻烦程度只有 1 分，因为孩子的哭闹并不会造成什么严重的后果，而我内心的焦虑程度占了 9 分。这是因为我很害怕周围人以负面的方式关注到我，我害怕他们在心里厌烦我、鄙视我，甚至因此用言语攻击我，所以我当时才这么着急。

3. 请思考，下次再遇到同样的情况时，你可以通过怎样的想法来淡化内心的焦虑，或者你可以怎样规避这种微应激源？

____

____

____

示例：其实周围人并不一定会因此关注我，也许孩子 15 分钟的哭闹会短暂地打扰到他们，但绝大多数人转头就忘了这件事。我已经尽到我的责任，在尽力安抚孩子，如果有人仍然因为孩子吵闹而对我指指点点，那么这反映了他的素质问题，而不是我的教养问题。我无须出于对这类人的惧怕而迁怒于孩子。这种想法已经可以帮助我淡化微应激源，这让我感到勇敢了一些，我认为自己无须特意规避这类场景。

我忍不住打了孩子……

我相信在阅读此书的父母都希望自己尽量不要打孩子。在孩子生下来到 1 岁半期间，我们可能很少体验到打孩子的冲动。但是从孩子两三岁开始，随着他们变得越来越有主见，行动力越来越强，反抗越来越有力，这时候就会有越来越多的时刻让我们气冲脑门、火冒三丈，甚至有些时候，我们忍不住扬手打了孩子。

●●●

案例

邵女士几年前因心境障碍开始进行心理咨询，这些年她的情绪已经有了很大的改善，并开启了新的生活。但某周她来到咨询室的时候非常沮丧，她告诉我，昨天晚上她动手打了孩子。

原因是前一天下午她哄孩子睡午觉，孩子一直迷迷糊糊无法入睡。平时孩子入睡前就爱揪她耳朵作为安抚行为，一般揪 10

分钟左右就睡着了，但这一次又揪又抓，一个小时都没睡着。孩子的指甲锋利、下手没轻重，邵女士的耳朵上有几处都被抠出了血点，但为了让孩子尽快睡着，邵女士硬是忍着没吭声。结果孩子揪耳朵揪了一个小时，愣是没睡着，邵女士看孩子确实睡不着，就让他起床了。此时，孩子和邵女士都没能睡成午觉，情绪已经有点儿不佳了。

到了晚上孩子吃饭时，孩子不知是闹脾气还是不小心，一巴掌把一盘菜打翻在地上。同样也没休息好的邵女士看到孩子不好好吃饭，还把地上弄得一团糟，一下子火冒三丈。她用手指着孩子喊道："你把地上的菜捡起来！捡回盘子里！听到没有！"孩子也很生气，叫道："就不！就不听你的！"邵女士怒不可遏，拎起孩子就打她的屁股，孩子哇的一声哭了起来。突如其来的哭声让邵女士停手了，然后她也哭了。

邵女士在咨询室中回忆起这一幕仍然痛苦不堪。她从小没少挨父母的打，为此她曾下定决心，绝不会像父母那样对孩子动手。她捂着脸，绝望地问我："为什么我做了那么久心理咨询，却还是会情绪崩溃？为什么我学了那么多育儿知识，却还是管不好孩子？我到底还要怎么做才行？……"

精神病学家丹尼尔·西格尔在他 1999 年出版的《心智成长之谜》中提出了"容纳之窗（window of tolerance）"这个概念。他认为，每个人都有一个可以处理和整合体验的情绪强度范围，也就是"容纳之窗"。当我们处于窗内的时候，意味着当下的情绪起伏在我们可以承受的范围之内，我们可以正常地发挥各种理性的认知功能，比如分析、忍耐、反思、辨别等。但如果我们由于某种原因被突然振出“容纳之窗”，那就意味着情绪冲击一下子超出了我们可以承受的范围，大脑的一些认知功能被暂时抑制，我们可能会冲动地做出一些事后让我们后悔和无法理解的事情。

西格尔认为，每个人的“容纳之窗”的范围是不一样的，主要受到以下几个因素的影响：

- 个体的性情差异
- 经验／创伤史（当前的情景是否以某种方式触发了过去的创伤）
- 周遭环境（如附近是否有能够进行安抚的依恋对象）
- 生理状态（饥饿、口渴、疲倦）
- 精神状态（预先存在的压力水平）

在上述案例中我们可以看到，邵女士突然被振出了自己的“容纳之窗”，这是由几方面因素综合造成的：

- 生理状态：疲惫、饥饿
- 精神状态：带娃大半天后累积的压力水平上升
- 创伤史：小时候常被父母打，在临近失控时会下意识地依赖暴力行为来夺回控制读者可能已经发现，本章的前几节内容都致力于帮助读者在面对孩子时能够始终待在自己的“容纳之窗”内，手段包括觉察理解自己的感受、降低情绪内耗、减少事务性消耗，以及提前做好安排，在保证孩子有人照顾的前提下让自己在临近耗竭时能够逃离孩子身边。但有些时候，即使你做了所有这些事情，还是会被猝不及防地振出“容纳之窗”。这就是生活。

当发生这样的事情时，那些事后诸葛亮的建议是没有用的。比如告诉邵女士说她应该改正孩子揪耳朵的睡前安抚行为，以免自己每次哄睡时都需要忍耐耳朵疼；

或者说她应该更多地让孩子去户外玩耍“放电”，这样孩子就能睡得好了；

又或者指责她在盘子被打翻后太凶，直接进入与孩子的“权力较量”（所谓权力较量，即“我指挥你做的事情，你要做！”“凭什么？你凶我，那我就反抗、尖叫！”“你反抗尖叫，那我就打你！”——导致双方陷入反制措施的螺旋上升之中）等。

这些建议正确吗？正确。有用吗？没有。因为它们更多地传递了责怪，而不是理解。唯有理解才能促进改变。

如果我们是邵女士，我们首先需要的不是建议，而是接纳自己感到困难和挫败。对自己说：“在养育孩子的过程中，感到困难和挫败是正常的。”接纳生活中就是会偶尔发生这样的事情，对自己说：“我偶尔克制不住打了孩子，也是正常的。”我们需要给自己提供一个空间，允许自己体验这些令我们感到沮丧、低落的情绪，耐心等待它们慢慢淡去。在这个过程中，你可以像邵女士一样来咨询室[①]倾诉，也可以找伴侣或朋友聊一聊这件事，还可以去做一些能让自己心情平复的事情，比如阅读、做按摩等。家长需要先修复好自己心情，然后再去修复与孩子的关系，并反思可以怎样做得更好。

① 如需来咨询室，请发邮件至：mengjietherapy@outlook.com。

商量好一个“安全词”

●●●

【案例（接上）】

在那一场咨询会谈中，邵女士倾诉了她对自己感到的失望，对于育儿冲突感到的无力，以及为那个挨打的孩子（包括年幼时的邵女士自己和她现在的孩子）所感到的伤心。我没有说什么，只是静静听着，让这些情绪在我们中间渐渐沉淀下来。离开咨询室时，邵女士尽管仍然低落，但已经平静很多了。

下一周邵女士来的时候告诉我，上周回去后她平复好了心情，然后跟孩子道歉了。

她告诉孩子："前天下午妈妈没有睡成午觉，有点儿累。后来晚上你把菜打翻到地上，妈妈想到过会儿还要花力气收拾打扫，就一下子觉得很生气。妈妈情绪崩溃了，打了你，妈妈做得不对，妈妈跟你说对不起。"

孩子问："什么是崩溃？"

邵女士说："就是我们一下子觉得特别生气，然后好像被情绪控制住了，做出了一些我们自己也没想到会做出来的事情，做完之后又会觉得很后悔。"

孩子又问："那我会不会崩溃？"

邵女士说："你也会呀，每个人偶尔都会情绪崩溃，这是可以的。崩溃之后我们要跟别人说对不起，然后想一想下次怎么改进就好了。"

后来邵女士跟孩子约定，以后不管她们两人中的谁感到特别生气，生气到想打人的时候，就过去抱住对方，用抱抱替代打人。如果不好意思或者不愿意主动过去抱对方，也可以要求对方来抱抱自己。

这一招还挺好使的。有一次孩子玩拼图，怎么也拼不出来，一边气得直跺脚一边尖叫说："我要抱抱！我要抱抱！！"邵女士过去抱住她，安抚了一会儿，等待孩子平静下来后鼓励她继续尝试。也有邵女士对孩子特别生气的时候，在临近爆发的时刻，邵女士选择去抱住孩子，情绪慢慢就降温了，虽然仍有生气的余温，但避免了与孩子进入到"权力较量"之中，更避免了使用暴力，而是能够用理智思考接下去该怎么办。

邵女士与孩子选择的方案看似简单但很管用，因为它符合心理学原理。神经科学家保罗·麦克莱恩曾提出"三重脑"假说，他认为人脑包含了爬虫脑、古哺乳动物脑（即边缘系统）和新哺乳动物脑（新皮质）。麦克莱恩认为，爬虫脑负责动物最原始最本能的行为，边缘系统负责包括觅食、育幼等行为的动机与情绪，而新皮质则负责抽象思考与认知能力。

麦克莱恩的“三重脑”假说是过于简化且不够精确的，但它仍有参考意义。用他的理论我们可以这样理解为什么邵女士与孩子“遇事先抱抱”的方法能够管用，因为在我们即将或已经被振到“容纳之窗”之外时，大脑中关于认知、逻辑、推理等高级功能几乎不管用了，此时试图使用语言从新皮质出发向下安抚边缘系统，效果会比较微弱。但如果使用抚触、拥抱的方式“从下向上”地安抚大脑，等待边缘系统平静后大脑恢复更高级的理性功能，则会更为有效。

也许你也可以试试邵女士的方法，事先与孩子约定好，在生气到想打人的时候，你们先走过去抱住对方，或者要求对方来抱住自己，用拥抱替代打人，抱满 3 分钟之后再回归冲突的场景，看看可以怎样解决。这将极大地降低打孩子这件事发生的频率。

这个方法在伴侣之间也是有用的，你们同样可以约定好在激烈吵架时对方随时可以来抱住自己，抱满 3 分钟之后再继续交流，这也会快速地为冲突降温。

双方一定要在还未发生冲突的时候，就事先约定好使用哪个动作（拥抱、牵手、摸头等），这是因为在冲突白热化时，如果没有经过事先约定而突然发起动作，容易被对方拒绝或误解，妨碍给情绪降温的过程。

【练习 3.5】 冲突白热化时的“安全词”

请和伴侣或孩子事先商量好一个“安全词”，在日后发生冲突白热化的情况时，可以直接暂停争吵，说出安全词，并做出该动作，时长需达到 3 分钟。这个动作必须包含身体抚触，比如“摸摸头”“牵牵手”“摸摸手臂”或者“抱一抱”。语言沟通失效时，双方直接进行肢体上的安抚，这将“从下而上”地帮助大脑新皮质恢复功能。动作做满 3 分钟后，再回归语言沟通。

我和孩子商量好的安全词是________________，以后当我们情绪特别激烈的时候，我们将暂停争吵，先做这个动作，做满 3 分钟后回归语言沟通。

我和伴侣商量好的安全词是________________，以后当我们情绪特别激烈的时候，我们将暂停争吵，先做这个动作，做满 3 分钟后回归语言沟通。

我有一个特殊的孩子

我在日常的咨询工作中接触过自闭症孩子的家长，所以本节就以孩子是自闭症的情况作为举例，但本节内容对所有家长来说都是相通的。

生孩子是一个开盲盒的过程。父母在生育之前对未来的孩子会有很多幻想。但孩子出生后，每一位父母都会发现，孩子在很多方面都大大超乎自己的想象。不幸的是，这些超乎想象的部分里有一些是不那么美好的方面。

大部分患有自闭症的孩子从被怀疑到被确诊大约是在 2~3 岁。确诊之后，家人之间如果能够迅速地团结一致，互相支持，找到干预资源，那么整个家庭就能较为平稳地渡过最初的打击。但事实上，绝大多数家庭在得知确诊的消息后，都经历了相当动荡的过程。

妈妈总是最先被怀疑和审视的那个人。尤其是像自闭症这种医学上还无法确定病因的疾病，妈妈将彻底印证那句话：“谁做得多，谁就错得多”。是不是因为妈妈没有喂母乳？是不是喂了母乳但奶水有问题？是不是没有陪孩子睡觉？跟孩子在一起时说话太少了？跟孩子在一起时说话太多了？孕期乱吃东西了？把孩子扔给老人带所以缺乏母婴依恋了？把孩子一直带在身边所以过度寄生孩子了？……此时，妈妈哪怕原本再坚强，也会瞬间变成一个无比脆弱的人，她自己也会陷入怀疑和自责：“我到底是哪里有问题，哪里没做好，害了孩子？”

拿放大镜照完妈妈后，接下来的阶段是全家人明里暗里互相攻击、打作一团，怪爸爸的基因，怪爷爷奶奶的基因，怪外公外婆的基因。最后全家人分崩离析、破镜难圆。此时，很多妈妈会出于对孩子的爱和不舍选择把孩子带在身边，但她潜意识里觉得是孩子造成这一切不幸，在孩子闹脾气时会忍不住打孩子。有些妈妈则为了克制对孩子的埋怨，转而攻击自己，从而产生自杀的念想，觉得“我死了就能轻松一点儿，至少不用每天忍受这些痛苦了”，或者“也许死了一切就可以从头再来了”等。但看到那么需要母爱的孩子，妈妈无法选择一走了之。于是妈妈一会儿振作，一会儿崩溃，孩子的病情在这种不稳定的亲子环境中更加恶化，陷入恶性循环。

以上是孩子刚确诊后的阶段，后续的养育压力则主要来自与同龄孩子的比较。特殊孩子的父母想要多带孩子出门，因为他们的孩子比其他孩子更需要学习适应这个世界，但出门时父母既怕孩子突然爆发情绪引来他人围观或排斥，又怕看到别人家孩子和父母其乐融融，触景伤情。特殊孩子的父母也很想向他人倾诉自己心中的苦闷，但说多了怕别人烦，憋着不说又被压得难受。所以很多这样的家庭最后只跟自闭症圈子里的家庭交往，切断了跟普通家庭的联系。有些特殊孩子病情严重，父母担心孩子一直无法自理，以后自己不在了孩子无法独立存活下去。另一些孩子病情比较轻微，但家长仍会担心孩子被学校劝退，或者遭遇校园霸凌等问题……

对于坚持养育特殊孩子的父母，我对你们只有敬意，而且没有资格给予你们任何建议，因为我不曾尝过你们的苦。我能做的，只有告诉普通父母你们所经历的辛苦，呼吁每一位读者在公共场合多给特殊孩子一些耐心和包容。除此以外，我还想提到纪伯伦的一首诗，名为《孩子》：

你的孩子，并不是你的孩子
他们是由生命本身的渴望而诞生的孩子
他们借助你来到这世界，却非因你而来
他们在你身旁，却并不属于你
你可以给予他们的是你的爱，而不是你的想法
因为他们有自己的思想
你可以庇护的是他们的身体，而不是他们的灵魂
因为他们的灵魂属于明天，属于你做梦也无法到达的明天
你可以拼尽全力，变得像他们一样，却不要让他们变得和你一样

因为生命不会后退，也不在过去停留。
你是弓，儿女是从你那里射出的箭。
弓箭手望着未来之路上的箭靶
他用尽力气将弓拉开，使他的箭射得又快又远。
怀着快乐的心情，在弓箭手的手中弯曲吧，
因为他爱一路飞翔的箭，也爱无比稳定的弓。

纪伯伦的这首诗倡导父母要给予孩子自由，但我觉得这种自由是相互的：给予孩子自由的同时也是在解放我们自己。绝大多数自闭症孩子的家长都在积极给孩子做干预，当孩子有一些肉眼可见的进步时就欢天喜地，像是抓到了救命稻草，自己也可以活下去了；如果孩子进展缓慢就心急如焚，像是走到了绝境，砸锅卖铁背井离乡也要找到能让孩子进步的方法。这当然是出于为人父母的责任心，只是这种责任心在实操过程中很容易就转化成了KPI 式的压力：孩子是家长的一个成就表，孩子变好就说明家长做对了，有成就；孩子没有变好就代表家长不行、无能。普通家长尚且因抱有这种思维而倍感焦虑，特殊孩子的家长在这种思维中所承受的压力更大，所感受到的窒息感也更强。

我不是想对你说，放弃给自闭症孩子做干预吧，不要管他了。我想说的是，孩子得了自闭症不是你的错，孩子在短时间内没有进步也不是你的错。就像纪伯伦所说，孩子是生命出于自身的渴望所诞生的，他借助你来到这世界，却非因你而来。因此，他的好和差都不能定义你是谁。你在有孩子之前想要有怎样的生活，在有孩子之后依然可以想要有那样的生活。孩子在你的身边，却并不属于你。同样地，你在孩子身边，也并不属于孩子。孩子会奔赴明天，你无法随他一起到达，那么就把你仅有的今天过成你喜爱的样子，无论你生出一个怎样的孩子。

最后，对于所有坚持养育自闭症孩子的家长，我想要再次表达我的敬意。我呼吁所有普通孩子的家长与他们站在一起，尽己所能地给予他们的孩子一些包容和耐心。而不是站到他们的对立面，进一步压缩这些孩子本就微小的生存空间。要记住，同样是为人父母，他们比我们所欠缺的，只是运气，仅此而已。

第 4 章

与长辈合作育儿中的心理动力

与长辈合作育儿的冲突场景

最令新手父母舒适的育儿选择可能是作为一个小家庭单元独立居住，聘请合适的育儿嫂帮忙完成体力性的育儿劳动（冲奶粉、消毒奶瓶、洗屁屁、换尿布、做辅食、出去游玩时抱孩子等）。同时有一位伴侣在家，一方面监督育儿嫂的工作，保障孩子安全，另一方面陪伴孩子成长，享受育儿过程中的欢乐和温馨。偶尔接待祖辈来看望孩子，让老人享受天伦之乐。

但现实生活很少能够如此美好。很多双职工父母没有请育儿嫂的经济条件，或者找不到合适的育儿嫂，或者请到了相对满意的育儿嫂，但又不放心让育儿嫂单独带孩子。剩下的选项只有白天让老人深度参与育儿，晚上回到家后面对这个三世同堂，暗流涌动的家庭。

这样的合作育儿方式很容易成为滋生家庭矛盾的温床。因为在有孩子之前，新手父母虽然也会与双方的原生家庭打交道，但与长辈基本上是“各过各的”。但有了孩子之后，新手父母请长辈来帮忙带孩子，意味着两代人要在一个双方都很看重的项目中相互合作、深度耕耘。在这个过程中会产生大量矛盾，而这些矛盾会对新手父母之间的伴侣关系、新手父母与长辈之间的家庭关系以及新手父母与孩子之间的亲子关系都产生影响。本章的目的是把两辈人合作育儿过程中常见的心理动力关系讲解清楚，让读者明白家庭成员之间是因为怎样的心理而产生了冲突，希望借此帮助读者在有限的现实条件下做出最符合自己家庭情况的改善，从而维护家庭和谐，保护伴侣关系与亲子关系，让孩子拥有一个关系和睦的大家庭。

●●●

案例

田先生和庄女士是一对年轻夫妻，他们有自己的房子，原本是独立居住，但生了孩子之后就请田先生的母亲常女士前来同住，以便照顾孩子。同时，两人还请了一位钟点工负责家中清洁、做饭等工作，尽量减轻常女士的家务负担。原本以为这样的计划已经很完善，但是没想到常女士来之后，大家表面上相敬如宾，但田先生与庄女士之间的吵架明显增多，情绪也愈发不好。两人想不明白，生孩子之前挺恩爱的，怎么生了孩子之后这么多刀光剑影呢？于是两人前来寻求心理咨询师的帮助。

他们面临的问题中，有一部分是第 2、3 章所涵盖的内容，包括伴侣关系的亲密部分对育儿压力消化不良，安排的育儿事项过多等，就不赘述了，这里主要讲“与长辈合作育儿”相关的部分。

田先生抱怨，原本生性平和温柔的妻子在有了孩子之后性情大变，时常暴跳如雷，有时甚至半夜将他踢醒，恶狠狠地说：“我睡不好，你也别想睡！”庄女士则指责丈夫当甩手掌柜，把孩子都推给她和婆婆来带。既然丈夫不肯帮忙带孩子，那么在她因愤怒和伤心而失眠的夜晚，她也要让田先生尝尝无法入睡的滋味。

细问之下，我才了解到目前的局面是如何形成的。庄女士希望两人下班到家后至晚上睡前这段时间能够一起带娃。因为孩子很黏妈妈，庄女士下班一到家就不得不陪着孩子，所以她希望晚间这段时间丈夫能够更多地参与进来，分担自己的陪娃负担。

但每次孩子黏得庄女士应付不来，庄女士喊田先生来帮忙吸引娃的注意力，好让自己解放一会儿时，田先生就说：“你把孩子交给我妈就行啦，她不正闲着呢。”庄女士听了这话，不作声响，抱着孩子转身离去，继续陪孩子。这样的场景出现了很多次，庄女士的不满逐渐累积。而田先生的母亲常女士每次一听儿子这么说，尽管已经满脸疲惫，仍然会把孩子接过去看管。常女士越是帮忙，田先生就越是懒惰，越是理直气壮地不参与育儿，庄女士的怨气就越大。一个恶性循环就此形成，整个家庭的互动似乎怎么也摆脱不了这个循环。

对此田先生感到很不解：“我上了一天班很累，到家后想要休息休息。我知道你也累，不想看孩子，那就让我妈来看好了，反正我妈闲着也是闲着。”

庄女士反驳道："我们上班的时候你妈已经带了一天孩子，我回家后还要让她继续看孩子，这种要求我开不了口，毕竟她不是我亲妈。而且任何人陪孩子时间长了都会不耐烦，你妈到了晚上早已经不想陪孩子了。"

田先生说："没有啊，我看我妈挺乐意的。陪孙子嘛，有啥不高兴的？"

庄女士撇撇嘴，沉默了下来，脸上一副"既然你这么想，那我跟你也没什么好说的了"的表情。

田先生继续说，他也有不满的地方，他发现有了孩子之后，自己经常一回到家就挨批，挨批的原因五花八门。比如妈妈在他耳边唠叨，天气转冷也不知道给孩子买厚一点儿的新衣服。田先生解释说，在他们的夫妻育儿分工中，给孩子买衣服是庄女士管的事儿，他一个大老爷们自己都不买衣服，更不知道怎么给孩子买衣服。但妈妈还是继续碎碎念："一定要等孩子冻出病了才知道心疼？你这爹怎么当的？"

从天而降的批评不仅来自常女士，也来自庄女士。庄女士下班回家后发现家里的一些家居物品被挪了位置，有些甚至干脆被胡乱塞进了柜子里。对此，婆婆解释说是怕孩子磕伤或打碎，所以她就把带有尖角的东西藏了起来。庄女士一边说好的好的，是该这样，一边转头就质问田先生："双休日在家无所事事的时候，怎么不想起来排查一下宝宝磕碰的风险？你到底有没有把孩子放在心上?！"田先生有时候也会回嘴："你自己不也没想起来吗？得亏我妈提醒。"这一回嘴就像点燃了火药桶，夫妻俩更是吵得不可开交。

庄女士与常女士也有过正面冲突的时候，比如孩子在婴儿期时喜欢被抱着睡，奶奶觉得孩子喜欢抱就抱嘛，依着他就好，现在正是形成安全感的时期。妈妈则说，这对孩子脊椎发展不利，就算冒着吵醒孩子的风险也要把他放回床上睡，不然以后脊柱侧弯了怎么办？虽说两人都客客气气的，谁也没有强行要求谁改变，但看见婆婆把孩子抱在怀里睡午觉，庄女士心里就焦虑得很。而轮到庄女士带睡，孩子醒得比较频繁时，婆婆又忍不住说，这样睡觉没有深度睡眠，对孩子大脑发育不好。庄女士嘴上不说什么，但心里总是不痛快。

这些点点滴滴的不愉快累积起来，让庄女士和田先生之间矛盾重重，也让家里的氛围阴云密布。

失落的伊甸园

接下来我们试着分析一下，这个案例中各个家庭成员在合作育儿过程中的心理动力。常女士来到庄女士和田先生的小家与他们同住，这件事对于庄女士和田先生来说，所产生的心理化学反应是截然不同的。对庄女士来说，是家里来了个“半外人”，这个“半外人”既是需要客气对待的长辈，也是自己有求于她的帮手。庄女士在她面前很拘束，有自感过分的要求不敢提，有看不惯的做法不敢直言，是很正常的反应。

而对于田先生来说，则是“妈妈来到我身边了，我可以放心做个宝宝了。”大家都知道，既然我们已经为人父母，那么这意味着我们早已成年立业，不该继续在父母面前当“巨婴”。道理是这样说，但对于绝大多数人来说，只要到了父母身边，就总是忍不住要做孩子。这是因为我们在潜意识中将父母视为那个曾经待过、后来失落的伊甸园，这个伊甸园也许并不完美，它残缺破败，但对我们有着永恒的吸引力。在父母身边，我们在行为上会更容易闹脾气、提需求、当鸵鸟，为的就是让父母回答我们潜意识里的那个问题：妈妈，我的伊甸园还在那里吗？快拿出来给我看看。

所以与庄女士单独居住时看着挺有担当的田先生，一旦迎接妈妈前来同住，在行为上、情绪上总是忍不住要退行[①]。他不愿考虑妈妈带了一天孙子是不是累了、厌倦了，也不愿考虑庄女士作为儿媳在婆婆面前的感受，他只想着“我累了，我不想管，那就交给我妈好了，反正我妈会替我做这些事，照顾好我的。”田先生没有意识到庄女士面对常女士的感受跟自己相差很大，甚至还怂恿庄女士一起当“甩手宝宝”，这是庄女士于情于理都做不到的。

田先生心有怨言：“既然我妈在这儿，乐意帮我带孩子，你干吗盯着我折腾？让我歇会儿不成吗？”他的潜台词是：“好不容易我妈来了，我可以当宝宝了，你干吗老拦着我？！”。而庄女士则觉得，自己一下班回到家，既要陪伴黏着自己不放的孩子，又要约束自己的行为来照顾婆婆的感受，还要眼见着自己原本可以依靠的丈夫退行成“烂泥扶不上墙”的“宝宝”，心烦程度可见一斑。这是两人产生矛盾的最大根源。

其实，在父母身边时容易退行是正常的心理倾向，我们用来对待外人的客气、周到与风趣，在父母面前统统自动消失，留下来的只有任性、甩锅和倔强。如果我们不觉察这种心理倾向，就

---

① 退行是指人们放弃较为成熟的应对方式，转而使用更为原始和幼稚的方式来应对当前情景。

会成为被它牵制的提线木偶——巨婴，在三世同堂的合作育儿场景中频频制造冲突；但如果我们觉察到这种心理倾向，那么也就能够试着自主地决定在何时进入孩子的角色，向父母表达亲近，何时从中抽身，变回有担当的成年人。

【练习 4.1】 谁在当宝宝？

1. 如果你们目前在与长辈合作育儿，那么是谁的长辈过来帮忙带娃？

____

2. 你认为你或伴侣有因为自己的父母来帮忙带娃，而顺势退行成“宝宝”吗？

____

3. 如果你认为有的话，请举出具体的事例：______________

____

指桑骂槐

对于庄女士来说，常女士是个“半外人”。对于常女士来说，也是如此。她们俩都想要维系表面的和气，都不愿意冒着破坏关系的风险直截了当地向对方提出不满。可不满又是真实存在的，那怎么办呢？只能声东击西，指桑骂槐，找一个第三方来发泄和表达自己的不满。于是，退行成宝宝的田先生毫不意外地被委派“受气包”的角色。

当常女士碎碎念：“天气转冷也不知道给孩子买厚一点儿的新衣服。一定要等孩子冻出病了才知道心疼？你这爹怎么当的？”她的意思其实是“孩子都快冻坏了！你这妈是怎么当的？”，但是她不能直接指责儿媳，所以选择故意在庄女士面前指责田先生。

当庄女士怒气冲冲地说：“双休日在家无所事事的时候，怎么不想起来排查一下宝宝磕碰的风险？你到底有没有把孩子放在心上?！”她的弦外之音是：“你凭什么不跟我打招呼就乱挪家里的摆设？有没有把我这个女主人放在眼里？！”但是她不能直接指责婆婆，所以选择在常女士面前怒骂田先生。

锅从天降的田先生没反应过来，还以为俩人都是冲着自己来的，于是忙不迭地接招，进行防御和反击：“你自己不也没想起来吗？得亏我妈提醒。”田先生觉得自己只是在就事论事，洗清罪名，但他的话在庄女士听起来是在表明态度，和他的妈妈站到了一边。庄女士觉得，自己仿佛被常女士从女主人的位置上赶了下来，明明是在自己家里，却反倒成了最势单力薄的局外人。当然，这些都是在火光电石之间发生的感受，在事发当下还未浮现到庄女士的意识中来。事发时她只觉得生气、委屈和着急，于是跟田先生吵作一团。

其实，被委派“受气包”角色的人需要有“自知之明”，明白很多不满并非冲着自己而来。锅从天上来的时候，接着便是，不要反击，以免事态恶化。两代人合作育儿的过程中产生冲突是必然的，因为两代人的价值观、育儿观、生活习惯都有不同。如果没有受气包作为“牢骚消化站”，那么很多发发牢骚就能过去的小冲突就会演变成针锋相对的大矛盾，得不偿失。与此同时，受气包的伴侣也要明白和承认，受气包是在为家庭和谐做贡献。每次伴侣对着受气包指桑骂槐之后，都需要私下告诉受气包自己刚刚发脾气的用意，并感谢他消化牢骚，与他一起商量是否有更好的解决办法。

【练习 4.2】　谁在当受气包？

1. 在与长辈合作育儿的过程中，是否存在由于辈分和情面的关系，你与长辈都无法直接表达不满的情况？请举出具体事例。

____

____

2. 再观察和思考一下，这些不满最后由谁作为“受气包”承受了？向这位“受气包”发泄不满的过程是怎样的？请举出具体事例。

____

____

3. 最后，请“受气包”想一想，你是否知道自己在承担“受气包”的角色？每当锅从天上来的时候，你是如何反应的？

____

____

"妈妈们"的较量

虽然我们理智上知道，多一个人爱我的孩子，愿意为我的孩子投注资源，那是一件值得庆幸的事。但理性认知和情绪感受很多时候并不能同步，尤其是在孩子非常年幼的时候。刚生完孩子的母亲就像是一头处于应激状态的母兽，对于任何接近幼崽的人都极为警惕，甚至想把那些人一脚蹬飞，因为她内心中很害怕那些人把幼崽抢走，或者会伤害到幼崽。

这种冲动会随着孩子长大慢慢减弱，但它会长久地留存于母亲的心间。一位孩子还很年幼的来访者曾对我说，当她看到长辈照顾自己的孩子时，总有种"自己的孩子被长辈抢走了"的感觉。但受限于时间和精力，她在一天中的很多时间里没有办法不"让位"。这种被排除在育儿过程之外的感觉让她觉得自己无能、虚弱，且对孩子感到疏远，这些都使她的情绪变得糟糕。

另一方面，对于长辈来说，随着帮忙照顾孩子的时间越来越长，边界确实会逐渐模糊。照顾婴幼儿是一项很辛苦的工作，同时也是一项会让人萌生出深厚情感的活动。很多时候，并不是因为我们深爱孩子，所以才去照顾他，而是因为我们长时间地照料孩子，所以才会深爱他。照料得越久，爱就越深，牵挂也会更绵长。长辈在照顾孩子的过程中，会逐渐生出一种“自己再一次当母亲”的感觉。这倒不一定是长辈“处心积虑要把孩子从妈妈身边夺走”，而是一种自然发生的情感，只是稍不留神就模糊了边界。

所以案例中庄女士和常女士对于“该不该抱着孩子睡”的分歧，之所以给她们造成了那么多情绪扰动，一方面是两人对于这个问题的科学认知不一样，但这只是冰山一角，水面之下，是她们对于“谁能当更好的妈妈”的较量。庄女士坦言，她对婆婆能在白天花那么长时间与孩子待在一起感到嫉妒，她害怕自己从“妈妈”宝座上被挤下来，害怕久而久之孩子会认为，奶奶才是排名第一的“妈妈”。

与长辈合作育儿所产生的这种竞争心态会影响到新手父母对自己为人父母的自信心。有一些家长出于现实条件的限制，需要在一天中的大部分时间里把孩子交给长辈带。在这个过程中，他们一方面感受到孩子不在身边的轻松和解放，另一方面也对游离在育儿过程之外有遗憾和焦虑。如果此时新手父母对于自己为人父母的能力有动摇，担心自己确实无法爱孩子，不懂怎样带孩子，再加上轻松和解放的感觉太过诱人，这类父母真的会渐行渐远，彻底远离孩子的成长过程。这是本书不提倡的，因为这会为长远的亲子关系埋下巨大隐患。

我们需要认识到，爸爸和妈妈，尤其是妈妈，对孩子来说永远是特别的存在。孩子对妈妈的爱和渴望几乎是深埋心底的、永远无法根除的内心部分。我有个来访者，她的母亲在她 3 岁时去世了。可以说，来访者对于妈妈没有任何具体印象。但在她的一生中，仍然想念着母亲，寻求着母亲在她人生中留下的蛛丝马迹。所以，我们一方面要确信，即使我们不得不在一天中将孩子交由他人照顾一段时间，我们也不会由此就被从“妈妈或爸爸”的位置上挤下去，即孩子并不会因此不爱我们，不把我们当作他真正的父母；另一方面，我们也要有绝不离弃的责任心，正因为我们对于孩子来说永远是非常特别的，所以我们不能一走了之，从孩子身边彻底消失。

自己在坚定了对的“特殊位置”的信心之后，我们就可以平衡好心态，大方地请求帮助，也大方地向帮助者表达认可和感谢，因为当潜意识中的竞争关系不存在时，彼此才能更好地成为合作者。

●●●

【案例（接上）】

经过几个月的谈话，田先生逐渐意识到，妈妈在自己身边时，自己确实很想要“躺平、任性”，因为比起当爸爸、当丈夫，“当孩子”这个选项对他有吸引力得多。意识到这点后，他向庄女士道了歉，并承诺以后会把爸爸和丈夫的角色放在首位，因为

“当孩子”就算再有吸引力，他也不想以破坏小家庭的夫妻关系和亲子关系作为代价。他认识到庄女士需要他帮忙的时候，正是他需要承担起父亲和丈夫角色的时候，以后也不会再拿起“孩子角色”作为挡箭牌，把事情推脱给自己的妈妈了。

同时，对于庄女士面对常女士时那种无法任性提需求的拘束感，田先生也承认和尊重，他说：“我现在意识到了，我面对我妈，跟你面对我妈，感受有多么的不同。”田先生提出，以后如果小夫妻俩有什么需要与常女士协商的地方，将由他出面和常女士沟通。庄女士对这个解决方案表示满意。

接着，庄女士也向田先生道了歉，因为她知道，很多时候田先生确实是被冤枉的，她当着婆婆的面责骂田先生，只是想要指桑骂槐，把某些不满表达给婆婆听而已。田先生恍然大悟，急忙问道：“所以那天我带孩子出门前忘记给他涂防晒霜，你明明可以好心提醒一下，但是你那天情绪激动地说了我好长时间，还上纲上线说什么以后孩子得皮肤癌了都怪我之类的，其实是因为你心里埋怨我妈带孩子出门时从来不给他涂防晒霜？”

庄女士说是的，因为她说了两次之后发现婆婆还是会忘记，她埋怨婆婆不重视给孩子涂防晒霜这件事，又不好发脾气，所以就找准机会拿田先生开刀了。

田先生往座位上一靠，半开玩笑地说：“天呀，我这是蒙受了多少冤屈！”但他表示既然两代人共同带娃的过程中，抱怨是必然存在的，那么为了家庭和谐，他愿意承担受气包的角色，只是希望庄女士指桑骂槐的时候柔和一些，不要给他造成太大的情绪冲击。庄女士同意了，她说以后每次指桑骂槐过后，她也会在事后及时告诉田先生，刚刚的抱怨并非针对他，以免两人陷入互相反击的情绪里，而非携手商议解决方案。

至于最后一点，我后来与庄女士进行了一对一的长期咨询。她逐渐意识到，害怕被从“妈妈宝座”上挤下去，跟她一直以来难以相信别人会持久地爱自己，对自己在任何方面所发挥的价值都没有自信心，生怕一个不完美之处就会让所有努力都前功尽弃的心态有关系。在觉察到这些之后，在面对与婆婆的育儿分歧时，庄女士也就能够不以竞争的心态进行揣测了。能够协商解决的部分就协商解决，无法解决的部分就回顾那句话：孩子的健康成长需要呼吸氧气，但不需要吸纯氧。慢慢地，庄女士能够放心地发展事业，也能够怀着对婆婆的感恩之心，与田先生一起更和谐快乐地育儿。

【练习 4.3】 稳坐“妈妈宝座”

1. 你是否担心由于要把孩子交给长辈照顾，自己的“妈妈/爸爸”角色会被取代，或担心自己被排斥在与孩子的亲子关系之外？如果是的话，你觉得这样的担心跟你自身的性格、思维和成长经历有什么联系吗？

____

____

2. 观察自己，你是否出于这样的担心，而不自觉地与长辈进行较量，用来证明自己是那个“更好的妈妈”或“孩子更爱的妈妈”？如果有的话，请举出具体事例。

____

____

当孩子成为受气包

●●●

案例

毛女士和蒋先生是双职工，两人的女儿小乐快 3 岁了，毛女士的父母和他们住在一起，白天负责带孩子。小乐从小精细运动能力就发展超前，在同龄孩子还在用手抓饭或者笨拙地使用小勺子时，她就已经能够熟练地使用筷子自主吃饭了。但小乐的外婆许女士不知是出于想要维护饭桌清洁的原因，还是担心孩子使用筷子有戳到自己的危险，就是不愿意让小乐自主进食，坚持要喂饭。久而久之，小乐也就懒得自己动手吃了。小乐爸爸蒋先生几次表达“小乐的精细运动发展很好，已经有用筷子自主进食的能力了，让她自己吃吧”，岳母都没有听取建议。蒋先生面对岳母也不好发脾气，只能用恐吓小乐来提点岳母：“你马上就要上幼儿园了，幼儿园里可没人给你喂饭，等到了中午饭点的时候，你不自己吃饭，饭菜就会被别的小朋友抢走，到时候我来接你，你可别跟我说你挨饿挨了一天！”毛女士不希望蒋先生用这种方式恐吓女儿，于是她在私下向母亲强调说：“妈，小蒋这样吓唬女儿，肯定是因为看不惯你老是给孩子喂饭。你就少喂喂吧。”毛母听了之后很不是滋味，她对女儿说：“你们平时把孩子扔给我管，我辛辛苦苦给你们带着，喂个饭竟然还要被指指点点。女婿平时没怎么孝敬过我也就算了，吓唬孩子算怎么回事？”

周末时，全家人会一起去户外搭帐篷。由于近两年很流行露营，天气好的时候草坪上总是有很多帐篷，所以那天蒋先生自告奋勇地说：“我早点起床，先带上帐篷去占个好位子，你们可以安心吃早饭，吃完早饭再过来。”蒋先生早早去草坪上把露营装备摆好，没想到等大家来了之后，岳母抱怨说：“明明那么早来，怎么不知道要占个树荫底下的位置呢？在大太阳底下烤着，等到中午的时候肯定热得受不了。”蒋先生听了这话，脸色不太好看。此时毛女士在旁边竟然还附和了起来：“对啊，老公，你白白早来了。”小乐听了大人的对话，天真无邪地对蒋先生说：“爸爸，我要去树荫底下！我们把帐篷挪到树荫底下去吧！”蒋先生绷着个脸，怒气冲冲地说：“树荫底下已经没位置了！你要想去树荫底下扎帐篷，那么下周你自己早点儿起床！你不满意的话就回家去，今天不玩了。”大家听了以后都不说话了，原本高高兴兴的郊游变得十分尴尬。

随着这类小摩擦增多，蒋先生与岳母两人之间越来越没好脸色。虽然双方从来没有过大吵大闹，但家中氛围总是剑拔弩张，在很多问题上两人经常不露声色地针锋相对。毛女士则觉得妈妈和丈夫相处不好，自己夹在中间很是难办。而善于察言观色的小乐在这样的家庭氛围中，经常表现得闷闷不乐、小心翼翼。

在上一节的案例中，三代同堂合作育儿过程中的受气包是孩子的爸爸，因为孩子奶奶与孩子妈妈之间无法直接表达不满，所以她们选择指桑骂槐，通过责骂孩子爸爸来把不满传达给对方听。而在本节这个案例中，蒋先生与岳母之间同样无法顺畅地表达不满，但受气包是孩子。相信很多人小时候都有过类似的经历：当着别人的面，被爸爸 / 妈妈特别严厉地责骂或者恐吓。当时我们并不明白，为什么爸爸 / 妈妈的情绪强烈程度和我们犯错的严重程度会如此不成正比。但等我们自己当了父母就会明白，因为我们必然会经历这样的时刻：在某个场景中，你感到生气或者丢脸，但在慌乱之下你无法以其他方式做出回应，只能通过责骂孩子来向他人表明立场。

孩子成为受气包的情况一般有两种。第一种就是案例中这种情况：蒋先生因为无法顺畅地对岳母表达不满，于是通过恐吓孩子来拐弯抹角地要求岳母改变喂饭的做法，以及通过责骂孩子来反击岳母的抱怨。这种拐弯抹角的批评与反击有时候会起到改变对方行为的作用，有时候则只会平添双方之间的不满。在本案例中，小乐的外婆并没有改变喂饭的做法，而且还对蒋先生更生气了，这间接导致了她在搭帐篷场景中的抱怨。另外，不管有没有起作用，孩子都受到了一定的伤害。小乐肯定不明白，自己只是听了大人的对话，说想要把帐篷挪到树荫底下去而已，为什么会换来爸爸的一顿怒骂，甚至还差点儿被赶回家呢？她肯定也害怕过，幼儿园会不会真的像爸爸所说，是虎穴狼巢，自己因为在家习惯被喂饭了，去了幼儿园连饭都抢不到，乃至饿肚子？

孩子成为受气包的另一种情况则是家长通过责骂孩子来向他人表明：“虽然我的孩子不懂事，但我是一位懂事的家长。”我还记得自己小学时因为成绩太差被老师找家长，我爸在老师办公室里听完老师对我的批评后，牵起我的手沉默地走了出去。我当时又是惊奇又是松了一口气，心想“爸爸这次竟然没有骂我。”还没走出去几步，屁股上就意外迎来了爸爸的一脚。这一幕被站在我们身后的老师看在眼里，第二天我听到老师对此做出的评论：“看来你爸还是听得进去话的，知道要教训你。”时隔多年后我猜想，比起对我的成绩感到着急，爸爸那一脚踢给老师看的成分更大些，意在显示给老师看：“虽然我孩子成绩不好，但我确实尽力了，你看，我是知道要管孩子的家长。”

我曾在餐厅看到因孩子哭闹，家长大声怒骂孩子，要求他安静下来的情景；也在地铁上看到因孩子动个不停，老是想要换地方坐，而被家长打屁股的情景。每当此时我都感到非常遗憾。我知道，家长是因为感到羞耻，而非出于教育好孩子的心，才做出在他人面前辱骂、体罚或嘲讽孩子的行为。这让我也有些心疼孩子，因为我不觉得他们的行为（不管是因为学习成绩差而被找家长，还是在公共场合哭闹和多动）需要受到这种程度的责罚。在公开场合下，面对真实的或想象中他人的责备时，很多家长不知道如何在漠视不管和严厉体罚之间找到中间地带。有些家长处于漠视不管的那一端，他们骄纵孩子，不愿或者害怕管教孩子，所以就假装没看到孩子正在给公共场合中的其他人所造成困扰。而另一些家长则处于严厉体罚的那一端，他们倾向于讨好他人，通过在别人面前打骂孩子，以牺牲孩子尊严的方式来向他人表明："你看，虽然孩子不懂事，但我是个懂事的家长，我是在管孩子的！"还有些家长则在这两个极端之间反复横跳，先是漠视不管，等到他人发出批评或者抱怨时，就突然对孩子爆发怒气，打骂孩子给别人看。

由于本书并不是一本育儿书，所以无意教导家长在这种情况下所谓的"正确做法"应该是怎样的。本书抱有一以贯之的理念：只要家长把自己的心态调整好，那么就会自然而然地成为具有自己独特风格的好家长，好家长会发展出自己独有的办法来解决这类场景下所遇到的困难，而无须按照育儿理论来照本宣科。本书希望做到的，是帮助家长调整带孩子时的心态。那么我们该如何调整这些困难场景下的心态呢？

当我们想要通过责骂孩子来拐弯抹角地抱怨长辈时，我们首先要分辨长辈的做法是否危害到孩子的健康或安全。如果长辈的做法确实危及了孩子的健康或安全，比如孩子高烧的时候给他捂汗[①]，或者给孩子使用学步车来训练走路[②]，那么我们一定要及时、

---

① 婴幼儿的体温调节能力不完善，在高烧的情况下捂汗可能会导致捂热综合征，有缺氧、脱水、昏迷，甚至死亡等危险。

② 每个孩子的大运动发展都有自己的节奏，当孩子的身体准备好时，自然就会开始学走路。使用学步车过早训练孩子走路不仅对孩子的下肢发育有害，还容易导致意外伤害事故。

直接地制止。其次，我们还要观察长辈对待孩子时是否频繁使用肢体或语言暴力，比如孩子一不听话就打孩子或者辱骂孩子。频繁使用暴力对待孩子也是我们无法接受的，如果发生这种情况，你需要考虑不再让这位长辈照顾你的孩子。不危及孩子的安全与健康，不对孩子使用肢体和语言暴力是通用的底线，除此以外，你还需要想一条你个人的底线，即除了有害健康安全的行为和暴力行为以外，还有什么其他行为是你绝对无法接受的，并把这条底线提前告知长辈。比如对我来说，除了有害健康安全的行为和暴力行为以外，给 3 岁以下的婴幼儿看屏幕，不管是看动画片还是看短视频，都是我无法接受的。那么我需要提前且直白地告诉长辈，我不在的时候，不可以给孩子看屏幕。如果孩子闹着要看，那么就带他出门转转，或者跟他一起玩一会儿玩具。你可以通过练习 4.4 来想一想，请长辈带孩子的过程中，你自己的那条底线是什么？

把这些底线提前与长辈沟通好之后，在长辈带孩子的过程中肯定仍然会出现很多轻微的、你看不惯的行为，比如在第 2 章的例子中，长辈在孩子摔倒时总说："打地板！都怪地板把我们宝宝绊倒了！"在上一节的例子中，常女士带孩子去户外玩时总是忘记涂防晒霜。再比如本节案例中，小乐奶奶坚持要给小乐喂饭。当我们跟长辈沟通后仍然无法改变长辈的这些行为时，我们会很想通过指桑骂槐来发泄情绪。但这样做既伤害了不明就里的孩子，也增添了长辈的负面情绪，通常情况下还无法使长辈改变做法。此时我们需要复习那句话：孩子的成长需要呼吸氧气，但不需要吸纯氧。如果我们看不惯长辈的某些做法，那么我们要么就更多地陪伴孩子，有意识地增强我们自己对孩子的影响力，要么就睁一只眼闭一只眼，适当放手。

在请家庭成员帮忙照顾孩子的过程中，必然会有各种你作为父母看不惯的现象。但如果我们每一种行为都去矫正，矫正不了的时候就指桑骂槐，这样只会伤害孩子情绪，破坏家庭氛围，甚至让孩子失去一个可以学习和依恋的对象，实在是得不偿失。我认为，在不触及底线的情况下，让孩子接触到不同家庭成员的不同养育风格，对孩子的成长总体上看是利大于弊的，因为这样既能够让作为父母的我们喘口气，拥有自我照料和自我发展的时间，以更好的心态来面对孩子；也能够帮助孩子对多个家庭成员发展出依恋，让孩子在与我们短暂分离时获得来自其他家庭成员的安抚；还能够让孩子潜移默化地学习到更多样化的人生处世哲学，发展出更灵活的处世能力。

在孩子成为"受气包"的第二种情况中，家长通过责骂孩子来向他人表明："虽然我的孩子不懂事，但我是一位懂事的家长。"这类家长大多习惯于讨好他人，非常在意他人如何看待自己，无法承受自己在他人眼中的"不堪"。当一些困难场景出现时，比如老师批评孩子了，或者孩子在公共场合做出不当行为，这类家长最主要的感觉是"蒙羞"，或者说"丢脸"。蒙羞的感受对他们来说是如此难以承受，所以在事情发生的当下，这类家长无法对孩子进行共情，也无法理智地思考如何更好地处理这件事。他们的当务之急，是把羞辱感从自己的内心转移到孩子的内心，因此他们会几乎下意识地选择站到孩子的对立面，与现实或者想象中的旁人站在同一条战线，以“教育孩子”之名公开挖苦或者打骂孩子，以此来向旁观者表明自己的“懂事”。

如果你也是这类家长，请不要着急。我说这些并不是为了批评你。我认为，家长内心中有这一部分是正常的。也就是说，家长在老师面前或在公开场合下为孩子感到难堪、感到“蒙羞”，是很正常的心理反应。当我们能够觉察并承认内心的这一部分，那么我们就能有意识地做出选择：在事情发生的当下，是赶紧把份羞辱感推出去，推到孩子的内心，还是把这一部分容纳在自己的内心，同时理性地思考该如何做出反应?

如果你想要选择后者这种应对方式，那么除了觉察并承认内心的这一部分以外，最重要的是要知道除了你的孩子，绝大多数人并不在意你是一个怎样的家长。当老师当着你的面批评你的孩子时，他可能是在为孩子给他造成的麻烦而向你发泄情绪，也可能是想要提高全班的平均成绩或者课堂表现；当孩子在公共场合行为不当，旁人看向你时（大多数人甚至连看都不会看你），他可能只是想看看这里发生了什么，也可能是想询问你是否需要帮助，或者他内心里对你或你孩子的行为稍有反感，但那又如何呢？我们都知道，孩子不是机器人，并不会在你按下某个按键之后，他就照着你说的做了。只要你在尽自己的努力抚育孩子，那么就已经尽到了身为家长的责任。为了获得毫不相干的人的短暂认可，在他人面前打骂或挖苦孩子，以牺牲孩子尊严与安全感为代价去证明自己是个“好家长”，实在是一桩“亏本买卖”。

当然，我不是在阻止你管教孩子，我的意思是，出于家长的责任与爱去管教孩子就够了，为了“做给别人看”而管教孩子实属画蛇添足。如果时光倒流，我希望爸爸在老师面前简单地说一句“我知道了，我回去会和孩子好好聊聊，看看怎样能够帮助她提高成绩”，而不是在老师面前踹我一脚。我也希望那个在餐厅哭闹的孩子能够获得父母的安抚，而非怒骂。至于那个在地铁上动个不停的孩子，实话实说，我也不知道在那个当下应该怎样管教他，毕竟他被打完屁股后依旧好动。显然，在公开场合打他的屁股并没有“治好”他的好动。也许，在那个情景下就是没什么立竿见影的好办法。家长只能尽力告诉孩子，在启动的地铁车厢内到处换座位，可能会摔倒，也可能会影响到他人。如果孩子实在不听，那么我们也许只能忍受一段路程，等待时间慢慢把好动的孩子转变为一个能够耐心坐在座椅上的成年人。

下一次当老师批评你的孩子，或者当孩子在公开场合行为稍有不当，让你感到“蒙羞”时，你可以觉察自己的这份感受，有意识地决定在多大程度上把这份感受容纳在自己心里，而非被它推动，做出一些挽回面子但伤害孩子的行为。在做决定的时候请把以下因素纳入考量：除了你的孩子，绝大多数人并不在意你是个怎样的家长，他们的短暂认可并不值得你费力获取，尤其不值得你以牺牲孩子尊严和安全感的方式去获取。请在练习 4.5 中觉察一下，在那些孩子受到批评，或者孩子有不当行为的场景下，你内心中的蒙羞感是如何影响你的行为的？

以上，我们分析了孩子容易成为“受气包”的两种情况，一种情况是我们无法向长辈表达不满，于是对着孩子指桑骂槐，以期望改变长辈的行为；另一种情况则是我们对孩子感到“丢脸”，急于向他人表明自己是个“懂事的家长”。我们分析了这两种情况中的利弊，希望这种分析能够使你在下一次身处这两类困难情景的时候放松下来，既让自己有更好的心态处理这类场景，也将你的孩子从“受气包”角色中解救出来。

【练习 4.4】　与长辈沟通带孩子时的底线

除了第一、第二条通用的底线，请明确思考一条自己的个人化底线。

1. 危害孩子健康和安全的行为
2. 使用肢体或语言暴力对待孩子
3. ____________________________

请想一想，近期，你对长辈带孩子时的哪种行为心生不满，并判断一下，这个行为是否触犯了以上三条底线？

让你不满的行为：____________________________

是否触犯底线：________

如果这种行为触犯了底线，请与长辈直接且充分地进行沟通，如果不触及底线，则适当放手，因为在不触及底线的情况下，让孩子接触到不同养育风格，对孩子的成长利大于弊。

【练习 4.5】

请回想一个孩子令你感到难堪的场景，满分为 10 分的话，你当时内心中的羞耻感有几分？

场景:______________________________

羞耻感:____分

你感到羞耻的原因:______________________

你做出了怎样的应对行为，这个行为让你内心中的羞耻感降低到了几分？

行为:______________________________

羞耻感:____分

羞耻感降低的原因:______________________

你对孩子的某些行为感到难堪是很正常的心理反应。在觉察内心的这一部分之后，如果你想要练习容纳这份羞耻感，而非把它投射进孩子的心里，那么请设想一下，当下一次再遇到同样的场景，你可以做出怎样的替代行为？

替代行为:__________________________

原因:______________________________

示例：

请回想一个孩子令你感到难堪的场景，满分为 10 分的话，你当时内心中的羞耻感有几分？

场景：上周日，我和孩子在一家甜品店里，他已经吃完了一个甜品，说还想再吃一个甜品。我拒绝了，因为我觉得他吃两个甜品太多了，会影响晚上吃正餐的胃口。我拒绝后，他开始一边哭一边仰头躺在地上，看到我依然拒绝他后，他尖叫爆哭了起来。

羞耻感：8 分

你感到羞耻的原因：当时餐厅里有其他人看向我们这里，我觉得他们肯定是抱着又反感又嘲笑的心态在看我们。我从小就特别受不了别人对我的这种态度。

你做出了怎样的应对行为，这个行为让你内心中的羞耻感降低到了几分？

行为：我对孩子大吼，“太吵了，你把嘴给我闭上，听到没有？！你看看谁像你这样躺在地上撒泼打滚？！我给你 3 秒钟，不要再叫了！不然我就走了，你一个人在这里叫吧！3，2，1！”

羞耻感：3 分

羞耻感降低的原因：我向别人展示了，“我是有在管孩子的，但孩子还是这样闹，这是孩子的问题，不是我的问题，不要怪我。”

你对孩子的某些行为感到难堪是很正常的心理反应。在觉察内心的这一部分之后，如果你想要练习容纳这份羞耻感，而非把它投射进孩子的心里，那么请设想一下，当下一次再遇到同样的场景，你可以做出怎样的替代行为？

替代行为：下次再发生这种情况时，我在坚持不买第二个甜品的同时，也许可以在他发脾气时抱一抱他，安抚一下他，等他哭完，然后就带他回家，而不是吼他，给他倒计时，威胁他我要扔下他离开。

原因：抱一抱孩子，安抚一下他，他肯定也能慢慢安静下来，只是会花更长的时间。虽然这会让我承受一定的羞耻感，但我不想为了讨好他人而吼自己的孩子。

火上浇油的中间人

在上一节的案例中，除了蒋先生把女儿小乐当作指责岳母的受气包以外，家庭矛盾的另一大根源出在毛女士身上。与之前案例中担任“牢骚消化站”的田先生相反，毛女士所扮演的角色是“火上浇油的中间人”。当丈夫蒋先生因为看不惯岳母的喂饭行为而恐吓女儿小乐时，她向母亲强调了丈夫对她行为的不满。当母亲抱怨蒋先生搭帐篷位置选得不好时，她又附和了母亲，和母亲一起批评丈夫。这种墙头草的做法直接导致了蒋先生与岳母之间的矛盾升级。

事实上，要维系一段美满的婚姻，伴侣之间最重要的任务之一就是建立一种“我们”的意识。尤其是当有了孩子以后，新手父母需要接受长辈的帮忙来合作抚养孩子时，原本的两人小家庭需要与夫妻双方的原生家庭进行大量互动。此时夫妻双方更需要维护两人的团结，把伴侣而非原生家庭放在第一位。当伴侣在一些育儿议题上与我们的原生家庭立场不同时，我们需要与伴侣站在一起，与我们的原生家庭进行交涉。这并不是说，当我们明知道伴侣的做法是错误或者不妥当的，也应该不管三七二十一地维护他/她；而是说我们需要首先与伴侣商量好一致的解决方案，然后以统一的立场去与双方的父母交涉。否则，不仅伴侣与长辈之间会矛盾重重，我们与伴侣之间的关系也会受到损害。

在这个案例中，毛女士私下向母亲转达了蒋先生对她喂饭行为的不满，她对妈妈说："妈，小蒋这样吓唬女儿，肯定是因为看不惯你老是给孩子喂饭，你就少喂喂吧。"这话的潜台词是："妈妈，给你提个建议哈，但是在提建议之前先说好，我对你是忠诚的，是我老公看不惯你。他不喜欢你老是给孩子喂饭，要不你就别喂饭了。"她们原本可以围绕喂饭行为展开就事论事的沟通，但在这种微妙的话语下，毛女士把这件事转变成了毛母与女婿之间的私人恩怨，平添了毛母对蒋先生的怨气。

搭帐篷的那天，当毛母抱怨蒋先生所选择的帐篷位置后，毛女士跟着附和起来，说他"白白早来了"。从蒋先生的感受来说，这就像是原本应该跟自己站在一起的队友非但没有在别人面前维护和支持自己，反而倒戈向对方，与对方一起批评自己，难怪他会特别火大。一来一去，毛女士的做法无疑加重了母亲与丈夫之间的矛盾。

其实，如果毛女士懂得要维护伴侣之间的"我们"意识，那么她的正确做法是当发现丈夫因母亲喂饭而恐吓小乐的时候，首先与丈夫沟通，与他一起决定是再次劝阻母亲给孩子喂饭，还是睁一只眼闭一只眼？不管选择哪种做法，她需要在这个问题上与丈夫统一立场之后再去与许女士沟通，向母亲表达“他们”的不满，而不是仅仅向母亲转达丈夫的不满。

其次，当母亲抱怨蒋先生搭帐篷地点不理想时，她需要站出来维护蒋先生，提醒母亲（以及所有家庭成员），蒋先生独自早起为全家占位子的付出值得被看到和欣赏，至于所选位置美中不足没有关系，因为这并不一定会影响全家人享受户外时光的乐趣。如果毛女士这么做的话，相信蒋先生也不会那么埋怨岳母，更不需要拿孩子当受气包了。

●●●

【案例（接上）】

当聊到毛女士与蒋先生之间的“我们”意识时，她坦言道：“其实我一直以来都有种感觉，比起我是你的妻子，我更大程度上是我父母的孩子。生孩子以前我们没有和我父母同住，这种感觉并不明显。但生完孩子后他们来到了我的身边，我便格外感觉到，我不仅仅是你的妻子，更是我父母的孩子。在那些我们与他们产生矛盾的时刻，我似乎需要在你们之间选择一个人来表达忠诚。而我从来都会选择忠诚于我的父母。”

蒋先生听了很泄气。他有点儿生气地问道：“为什么？你已经和我建立家庭了，为什么在冲突中要选择忠于你的父母？你这样做，让我如何在这个大家庭中生活呢？”

毛女士沉默了半晌。突然，她开始低声哭泣：“因为我想念以前和爸爸妈妈一家三口的日子。如果我真的融入了我自己的新家庭，他们就被彻底抛弃了，他们太孤单了……”

蒋先生很吃惊，他从来没有想过妻子会有这样的感受。也许，毛女士之前也没有意识到自己的心中怀有这样的感受。蒋先生没有再责怪妻子，而是抱住了她，让她在自己的肩膀上哭泣了一会儿。

他慢慢地说：“你真傻，我们没有抛弃你的父母啊。我们也不会抛弃他们的。”

毛女士啜泣着说：“我脱离了他们，建立了自己的家庭，甚至还有了自己的孩子。我觉得这种渐行渐远像是一种背叛，我真的很舍不得……”

蒋先生抱着妻子，温柔地说：“也许你父母不是这么看的。你能建立自己的家庭，有自己的孩子，是他们希望看到的事。也许他们并不把这些视作背叛，也不需要你来表达忠诚。他们最希望的是你开心，拥有和睦的家庭。”

毛女士慢慢平静下来。她轻轻叹出一口气，然后笑了笑说：“也许你说得对，他们并不需要我表达忠诚。我已经长大，和你组成了新的家庭。以后我会尽量和你站在一起，而不是暗暗地在他们面前抱怨你，或者跟他们一起批评你。”

蒋先生说：“谢谢你。”

在我们后来的一对一咨询中，毛女士苦笑着向我坦言道：“你知道吗？我总觉得自己像是被我原生家庭派到我丈夫身边的间谍。虽然我在丈夫身边，但我还是我父母的人。”

我好奇地问她："是父母说了什么或做了什么，让你有了这样的感受吗？"

她摇摇头，说道："不是，这种感受是来源于我自己的。我觉得只要我和爸爸妈妈三个人还紧紧抱作一团，我们一家人就会在时光中静止。爸爸妈妈不会老，不会死，我也不会长大。我的家永远都是我小时候生活其中的那个小家庭。"

毛女士哭了。随着眼泪而来的，是她对于已经流逝的时光的哀悼。只有经历了承认、哀悼与放手之后，我们才能离开原来固执坚守的地方，走向明天，走向现实。

经过这几个月的谈话之后，毛女士对自己的"倒戈"行为及其背后的潜意识有了觉察。她意识到，从她成立自己的小家庭开始，她便对自己脱离原生家庭这件事感到难过。她觉得自己好像背叛了父母，把原本紧紧抱作一团的三人小团体打散了。父母被抛在了原地，而她则独自一人奔赴更美好的生活。显然，毛女士在内心中没有完成对这一次与父母分离的心理准备，因此也无法顺畅地与丈夫建立起"我们"意识。

在完成这场与父母分离的哀悼过程之后，毛女士开始有意识地维护自己与蒋先生的团结。她和蒋先生先是私下讨论了两人对母亲持续给小乐喂饭这件事的看法。蒋先生依旧非常反对，他认为这阻碍了小乐精细运动能力和自主意识的发展。而毛女士则对此并不太在意，她认为在幼儿园里，没有人喂饭了，孩子自然会自己吃饭的。至于精细运动能力和自主意识，在其他方面也是可以发展的，没有必要在喂饭问题上死磕。虽然两人对这件事的意见不同，但他们并没有把分歧升级给原生家庭的层面，把毛女士的母亲卷进来。相反，两人最终达成了一致：由毛女士出面，向母亲再一次表达他们夫妻俩对于她的喂饭行为给孩子造成不良影响的担忧，如果这种劝阻没有用，那么就算了。毕竟小乐很快就要上幼儿园了，至少每个工作日的中午她会在幼儿园里自己吃饭。毛女士和蒋先生决定以后每到周末都由他们来主管孩子的进餐，在这个过程中他们会要求孩子自主进食。如此一来，毛母对小乐在进食方面的影响力会日渐下降。夫妻双方对这个解决方案都感到满意。

除此以外，每当毛母话里话外批评蒋先生的时候，毛女士都会站出来，要么打打圆场，要么就直白地维护蒋先生。比如有一次，小乐有点儿闹觉，蒋先生怎么哄也无法把小乐哄睡，于是他便把小乐交给岳母，自己打算去冲点儿奶粉，看看小乐喝点奶之后是不是就睡得着了。等蒋先生冲完奶回来，小乐已经在外婆怀里睡着了。毛母就此絮絮叨叨地批评蒋先生说："你哄睡姿势不对，弄得孩子不舒服，所以孩子才闹觉。而且你其实可以再坚持几分钟，孩子就快要睡着了。你看，你等不及去冲奶粉，把奶粉浪费了吧。"蒋先生听了心烦，正不知该如何回应，毛女士站出来说："妈，你就少说两句吧。奶粉放冰箱，等孩子睡醒了再热一下，还可以喝的，谈不上浪费。"毛母听了这话，便不作声了。有了毛女士的维护，蒋先生感受好多了，他不觉得自己需要反击岳母的话，更不需要通过责骂小乐来拐弯抹角地表达他的不满，于是他心平气和地说："知道了妈，下次我再多哄一会儿试试。"

一开始，毛母对毛女士的转变有些恼火，但随着时间流逝，她逐渐接受了新的家庭动力关系。久而久之，毛女士和蒋先生的感情变得更亲密团结了，家中剑拔弩张的氛围也缓和了下来。小乐则顺利地适应了幼儿园的生活，快乐地成长着。

请通过练习 4.6 来评估一下，在与长辈合作育儿的过程中，你和伴侣之间的“我们”意识是否有待加强。

【练习 4.6】　伴侣间的团结意识

满分为 10 分的话，你觉得目前你与伴侣之间的团结意识是____分。

当你与伴侣的原生家庭成员有育儿方面的分歧时，伴侣会“倒戈”向他 / 她的原生家庭成员吗？请举出具体事例：

____

____

在这场分歧中，你希望伴侣怎样与你更为团结地解决这场与长辈的分歧？

____

____

满分为 10 分的话，伴侣觉得目前他 / 她与你之间的团结意识是____分。

当伴侣与你的原生家庭成员有育儿方面的分歧时，你会“倒戈”向自己的原生家庭成员吗？请举出具体事例：

____

____

在这场分歧中，伴侣希望你怎样与他 / 她更为团结地解决这场与长辈的分歧？

____

____

现在我们来到了本章结尾。在这一章中，我们通过两个案例，展示了与长辈合作育儿过程中的一些小片段，在这些小片段中隐藏着各种各样的育儿矛盾。我们分析了这些矛盾背后所具有的心理成因，并给出了可选的替代方案。相信读者现在已经明白，在任何一项家庭矛盾的背后，必然有着不止一种心理根源。所以，现在请你选择一项近期在你家发生的育儿冲突，并分析一下背后具有哪些成因，以及你与伴侣可以怎样更好地应对这一冲突，使你们作为家长的心情更为轻松，使整个家庭更为和谐，也让孩子更无忧无虑地成长。

【练习 4.7】 选择一项冲突进行沟通

回顾你在练习中所写下的答案，并和伴侣探讨，怎样能够更好地解决目前与长辈合作育儿过程中的冲突？请举出一项具体的冲突进行讨论。讨论时可参照第 2 章的沟通公式。

与长辈合作育儿中的一项冲突：________________________

____

在这项冲突中，有哪些因素起了作用？

- ☐ 永恒的伊甸园
- ☐ 指桑骂槐
- ☐ “妈妈们”的较量
- ☐ 当孩子成为受气包
- ☐ 火上浇油的中间人
- ☐ ______________
- ☐ ______________

请与伴侣使用第 2 章中的沟通公式来谈论和解决冲突。

第 5 章

聘请育儿嫂

经济上的考量

我知道很多新手父母排除掉聘请育儿嫂来协助育儿这个选项，主要是出于经济上的考量。如果聘期育儿嫂的支出对于你们目前的家庭经济状况来说是完全无法负担的，这没有关系，本书的前几章内容依然可以帮助你更轻松快乐地育儿。如果聘请育儿嫂的支出是你和伴侣可以负担的，但觉得这项支出较大，你们还在犹豫，那么我想要鼓励你们尝试一下聘请育儿嫂协助育儿这个选项。

我和空爸一开始和空空的爷爷奶奶住在一起，两代人合作育儿。后来等我们自己的房子装修好并通风完毕之后，我们就搬到了新家。搬家之后，我们请了空空的外公外婆过来同住，希望他们能来帮忙带孩子。但同住了两个星期后，我爸妈就突然卷铺盖回家了，他们拒绝继续帮我们带孩子。我妈发来消息说："我要过自己的生活。"我一方面惊讶于她的决绝，另一方面其实也欣赏她能够把自己的需求放在第一位。我不认为长辈天然就"应该”帮我们带孩子。既然我父母明确拒绝了，那么我们就必须找育儿嫂来帮忙了。于是，我和空爸便正式从请长辈帮忙过渡到请育儿嫂帮忙带孩子。

由于我和空爸想要保有夜间单独相处的自在时光，而且我们已经习惯亲自带睡，所以我们想先请白班的育儿嫂试试，如果行不通就换一位住家的育儿嫂。因为我不希望育儿嫂在带孩子的过程中由于需要分心做家务而造成孩子的意外事故，于是除了育儿嫂以外，还额外聘请了一位负责清洁与做饭的钟点工阿姨，这样育儿嫂就只需要专心保障孩子的安全和快乐成长就可以。所以，我们目前的带娃模式是早晨 8 点到晚上 6 点由白班育儿嫂帮忙带孩子，钟点工阿姨做家务。因为我是自由职业者，所以白天也能花一些时间陪伴孩子，有时下午会和育儿嫂一起带空空出去玩儿。育儿嫂下班之后到空爸回到家之前都由我陪伴孩子，空爸则负责下班回来后的陪玩与夜间带睡。

看到这里有些读者会说，是因为你赚得多才愿意请两位阿姨。事实上，我作为独立执业的心理咨询师，在生完孩子休产假期间是完全没有收入的，这段零收入时期持续了半年。产假结束之后我恢复接待来访者，但因为精力有限，接待的来访者数量维持在较低的水平，所以我的收入比起怀孕前是断崖式下降的。在我写这本书期间，我每月的收入只能勉勉强强覆盖聘请两位阿姨的支出。空爸的收入用来还房贷和负责日常开销，而我所挣的钱，几乎全都交给了两位阿姨。总体上来说，这样的经济状况并不令我们感到十分宽松。但即便如此，我仍然认为花钱请育儿嫂来帮忙带孩子是非常值得的，这主要是因为育儿嫂给了我“不受打扰的整块时间”。

由于我无须坐班，工作时间较为灵活，所以我白天有不少时间待在家里。在不接待来访者的时候，我会在家阅读、写作、学习。从孩子刚出生到 1 岁多，我和长辈一起带孩子。此时我发现，我手头在做的任何事情随时都有可能被打断。

有时是孩子拉粑粑了，我要去和长辈一起给他洗屁股；

有时是长辈带孩子遛弯回来了，我要把孩子接过来给他洗手；

有时是长辈要去做饭了，要换我看着孩子；

有时是孩子玩着玩着跑过来拍门，想要黏着我，长辈就撤了；

有时是长辈过来敲门问我：“这个东西可不可以给孩子吃？”

有时是孩子大哭大闹，我按捺不住，想要插手干预一下；

有时单纯是我觉得长辈带孩子时间长了，该轮到我带了。

这样的时刻每天都发生十几次，所造成的后果就是我的效率极其低下，难以长时间集中注意力沉浸在难度较高的脑力任务之中。我写这些并不是想要责怪长辈叨扰我，相反，我认为以上这些都是我“应该”做的，甚至可能还做少了。但恰恰是这些细细碎碎的“应该”，让很多妈妈终日被琐事缠身，整天忙忙碌碌，但一天下来似乎又什么都没干。岁月蹉跎之间，妈妈在专业技能和自我发展上毫无进展，只能看着孩子安慰自己道：“虽然这几年什么事都没干成，但好歹算是把孩子带大了。”等到孩子长大可以去上幼儿园了，妈妈骤然发现自己的身心已经被带孩子的生活特化了。妈妈埋首照顾婴幼儿太长时间，已经习惯被孩子无限制地吸纳时间精力，习惯时刻待命满足孩子的需求，也习惯孩子给予的浓烈的情感回应。对于重新进入专业技能上更具挑战的领域，回归更为苛刻的社会评价体系，妈妈会感到无力和退缩，这实在是太正常了。此时，不管妈妈接下来想要继续全职，还是重新走入职场，都需要家人对妈妈的大力支持。如果家人在这个妈妈进退两难的档口指责妈妈懒惰，或者适应社会的能力低下，那么一定会极大地伤害妈妈的情绪。

在照顾空空的过程中，我一直试着避免自己的身心被带孩子的生活特化，但在请育儿嫂之前，我以为这种不断被打断、忙碌又停滞的生活是一种必然。可当育儿嫂一上岗，我便体会到了巨大的不同。我惊喜地发现，育儿嫂可以独自一人搞定给孩子洗屁屁、洗澡、喂饭、哄睡、陪玩、带孩子去户外遛弯等一切带娃日常。只要我愿意，我可以在育儿嫂上班期间，即早晨八点到晚上六点这段时间内完全脱手孩子的事。这对我来说是一种巨大的解放。我也正是从育儿嫂来上班并相互磨合完成之后，才开始了本书的写作。这就像原本在水面上沉沉浮浮、争分夺秒吸口气的我，终于迎来了一个救生圈，让我可以不费力地浮在水面上，好好看看孩子出生后的一路上到底发生了什么。而一旦可以长时间探出头呼吸了，我便知道我需要把亲身经历、咨询经验与专业知识结合起来，系统地帮助所有与我之前一样挣扎于育儿心理困境的新手父母。本书就是这样得以成形的。

这就是育儿嫂通过为我撑起一片“不受打扰的整块时间”所带给我的巨大价值。从这一点来说，我认为每个月付她这些工资是完全值得的，无论这份支出在我目前的收入里占了多大的比重。以上就是我计算“是否请育儿嫂”这笔经济账的方式。我知道很多家庭会面临这样一个选择：孩子出生后，如果妈妈保持工作，她所挣得的收入跟聘请育儿嫂的支出几乎持平。所以有些妈妈觉得，也许自己应该放弃工作回家带孩子，反正金钱方面的代价相差无几，还能亲自陪伴孩子的成长。这样的考虑是合理的，亲自陪伴孩子的时光也是无价的。但我鼓励所有新手妈妈正视自我发展的潜在价值，尽管这些事情的价值在账面上的反映目前并不明显。我认为，没有任何女性天生“只能当妈妈”。我相信只要获得合适的栽培与足够的耐心，每一位女性都能为社会、为世界做出独特的贡献。如果你认为带孩子的生活纵然让你与孩子亲密无间，但确实妨碍了你拓展潜力、发挥能力，而你受牵绊于“自己目前的收入减去聘请育儿嫂带孩子的支出后所剩无几”的想法，那么希望我看待此事的方式能给你带去一些新的视角。

你可以通过练习 5.1，以新的视角来盘算一下这笔“育儿经济账”。

【练习 5.1】　请育儿嫂，划算还是不划算？

我目前的工资水平：________________

聘请育儿嫂的支出：________________

我想要在自我发展 / 事业发展上所达成的目标：在____岁时，我想要成为________________

如果满分为 10 分的话，我认为目前带孩子的模式对我的自我 / 事业发展所造成的影响程度有____分。

我预计请了优秀的育儿嫂之后，新的带孩子的模式对我的自我 / 事业发展所造成的影响程度会有____分。

从前两个分数的差值来看，我认为聘请育儿嫂的花费是值得的吗？

聘请育儿嫂的其他好处

降低沟通成本

除了“不受打扰的整块时间”及其所衍生出的益处以外，聘请育儿嫂来带孩子还有一些其他的好处，比如降低育儿方面的沟通成本。与长辈在一起带孩子，在任何小细节上都可能产生育儿分歧，而这些育儿分歧很多时候并没有绝对的对错之分，只是偏好不同或者侧重点不同。

举个刚刚发生的小例子。辅食做好了，但空空还在睡回笼觉，我准备把他的辅食放进冰箱，想要等他醒来之后再拿出来给他吃。长辈看到了就对我说，别放冰箱了，放了冰箱之后吃之前还要用微波炉加热，加热后部分食材会变硬，孩子就不爱吃了。

我说，辅食放在外面太长时间容易滋生细菌，到时候孩子吃了会拉肚子。

长辈说，孩子很快就会醒了，再加上今天天气也凉快，这么短时间内辅食不会变质。

我没说话，坚持把辅食放进了冰箱。

在与长辈带孩子的过程中，这样的育儿小分歧不胜枚举。如果双方的沟通表达能力欠佳，或者内心有积怨，那么大大小小的分歧发生次数一多，就非常容易引发家庭矛盾，损害家庭成员之间的关系[①]。但和育儿嫂合作的话，只需要告诉育儿嫂你的偏好："做完辅食后请把辅食放冰箱，等要吃了再拿出来。"育儿嫂说："好的。"对话就愉快地结束了。育儿嫂觉得收到了明确的指令，照着做就可以，很轻松；而你觉得在推进日常育儿事务时不会受到额外的阻力，也很轻松。没有任何人会因为这场对话而感到委屈、憋闷、不满。如果育儿嫂经常反驳你的指令，但你认为这些反驳都是无理反驳时，你也可以直接表明，"按我说的做"。如果这样说了之后你仍然觉得与育儿嫂的沟通成本很大，那么可以考虑尽快换一位育儿嫂。

有些妈妈和长辈一起带孩子时因碍于长辈情面而难以坚持己见，有些妈妈则容易因为与家人的育儿分歧产生情绪波动。这些摩擦很大程度上都可以通过聘请育儿嫂来消除。让全家人避免大量的育儿小矛盾也是育儿嫂所带来的，难以用金钱衡量的益处之一。

消除亏欠感

在《最好的告别》中，作者阿图·葛文德写道：

---

① 如果这是你们家正在上演的现实，请复习前一章"与长辈合作育儿中的心理动力"。

“为了使同样数量的血液流经变窄、变硬的血管，心脏只得产生更大的压力。结果，一多半的人到了65岁时形成了高血压。由于必须顶着压力输送血液，心脏壁增厚，对运行需要的反应能力减弱。因此，从30岁开始，心脏的泵血峰值稳步下降。……心脏壁在增厚，而别的部位的肌肉却变薄了。40岁左右，肌肉的质量和力量开始走下坡路。到80岁时，我们丢失了25%~50%的肌肉。

……从50岁开始，骨头以每年约1%的速度丢失骨密度。……手指垫的皮肤处对机械刺激做出反应的感觉器官退化会导致触觉失灵；运动神经元的丧失会导致灵活性下降，手写能力退化。手的速度和震动感会衰退，由于手机的按钮和触屏面积小，使用标准手机越来越困难。

……功能性肺活量会降低，肠道运行速度会减缓，腺体会慢慢停止发挥作用，连脑也会萎缩。30岁的时候，脑是一个1400克的器官，颅骨刚好容纳得下；到我们70岁的时候，大脑灰质丢失使头颅空出了差不多2.5厘米的空间。所以像我祖父那样的老年人在头部受到撞击后，会很容易发生颅内出血——实际上，大脑在他们颅内晃动。最先萎缩的部分一般是额叶（掌管判断和计划）和海马体（组织记忆的场所）。于是，记忆力和收集、衡量各种想法（即多任务处理）的能力在中年时期达到顶峰，然后就逐渐下降。处理速度早在40岁之前就开始降低（所以数学家和物理学家通常在年轻时取得最大的成就）。到了85岁，工作记忆力和判断力受到严重损伤，40% 的人都患有教科书所定义的老年失智（痴呆症）。”

通过阅读上文我们可以知道，长辈几乎每一处的感官和肌肉与我们相比都退化了很多，所以如果带孩子已经让我们觉得非常劳累的话，那么长辈带孩子的时候只会更加劳累。预判孩子的动作会有什么危险，把孩子从地上抱起来，追上孩子的步伐，适应孩子的睡眠节奏，陪上蹿下跳的孩子玩耍，接受育儿相关的科学知识等，所有这些带孩子的日常任务对长辈都比对我们更为艰难。我们和长辈身处在不同的身体躯壳内，很难全方位地与他们感同身受，但每当我们想到长辈因为长时间带孩子所承受的疲乏与困顿，我们真的很难出去毫无负担地、快快乐乐地享受一场郊游、一部电影、一次约会。我还记得当《流浪地球 2》上映时，我一方面特别想去看，另一方面又为把孩子留在家交给长辈带而有所顾忌。仿佛我只能为了工作或学习等“正事儿”请长辈帮忙带孩子，如果是为了放松和娱乐而把孩子留给长辈，心里难免有点儿过意不去。在这种心态下，就连出门看场电影都变得鬼鬼祟祟起来。

很多请长辈帮忙带孩子的新手父母都会有这种感受。但是当我们放弃娱乐急匆匆赶回家时，又难免看到很多长辈做出我们不喜欢的育儿做派。这就是两辈人合作育儿的过程中会产生的情绪困境，即一方面对长辈的很多做法感到不满且无力沟通，另一方面也对要求长辈来帮忙带孩子这件事本身感到亏欠，长期处于这种别扭的心理状态下，很容易让我们的情绪变差。

我们既可以复习上一章“与长辈合作育儿中的心理动力”来

了解处于这种情境下各个家庭成员的内心世界，继而改善整个家庭的关系，也可以尝试通过聘请育儿嫂带孩子来改善这类问题。由于我们与育儿嫂是雇佣关系，双方都有平等的付出和所得，而不是一味靠爱发电，所以我们不会对育儿嫂产生亏欠感。这会将我们从那种“既愧疚又不满”的拧巴情绪中解放出来，让我们大大方方地把照顾孩子的重任交给其他人，去做自己想做的事情。请育儿嫂之前，就连看场电影都感到过意不去的我，在请育儿嫂之后，快快乐乐地去上海迪士尼乐园玩了一整天，一点儿愧疚感都没有。只有当你能够在看电影、健身、按摩、与朋友约会等活动中全心全意地享受乐趣，而不是感到愧疚与焦虑时，你才能够从这些活动中汲取能量，回家后陪伴孩子时的耐心与爱意才会得到滋养。

挑选育儿嫂

育儿嫂当然不是“一切问题的终极解决方案”。我们仍然需要从前几章的内容中学习如何应对分娩创伤和产后抑郁情绪，如何滋养有了孩子以后的伴侣关系，如何在亲子关系中照料自己以及如何维护与长辈的和谐关系。只是如果有育儿嫂为新手父母分担掉很多琐碎而又繁重的育儿任务，那么上述这些事情的难度会相应地降低。不过，这一切的前提是我们要找到一位合适的育儿嫂。如果我们找来的育儿嫂不合适或不合格，那么她所造成的麻烦和情绪消耗会比不聘请她时更大。这就是为什么面试育儿嫂的环节是如此关键，在面试过程中我们需要多问问题，细心观察，争取为自己找到一位心仪的育儿嫂。我的朋友注册心理师余婧写过一篇文章，名为“20 分钟教你找到靠谱的育儿嫂”[①]，我正是用这篇文章中列举的面试题筛选出了一位我非常满意的育儿嫂。原

① https://weibo.com/ttarticle/p/show?id=2309404270730073259946

文的面试题部分以及这些问题背后的原因摘录如下，希望对你面试育儿嫂有帮助：

1. 请介绍一下你自己。

名字，籍贯，年龄，工作经验一般都会讲到。年龄不要太大，带孩子毕竟是很辛苦的事情，宝宝小的话还需要值夜班，50 岁以上的人胜任力会大打折扣。籍贯大家考虑自己的爱好，南方人找南方人，北方人找北方人一般文化上更适应。口音有人在意，有人不在意，自己开心就好。在育儿方面的经验并不是越多越好，我个人最喜欢有 1~2 年经验的育儿嫂。

2. 你有孩子吗？家里几口人，孩子多大了？

这个问题很重要，考察育儿嫂的家庭结构和工作时间是否稳定。每个育儿嫂也都是一个独立的人，需要先面对自己家庭里的议题，比如她直系亲属的生老病死。不建议使用没生过孩子或者孩子很小就出来工作的人。没有生过孩子，没有亲自带过孩子的人，很难对别人的孩子报以耐心。而一个在自己孩子很小就把孩子丢在家里出远门工作的人，也许是生活所迫，也许是她本人就不喜欢面对自己的小孩，这两种情况下我都不是很放心把自己的孩子单独交给她。

3. 你小时候谁带大的，他的脾气怎么样？

妈妈们也许发现了，自己带孩子的时候，会带有小时候自己主要抚养人的风格，比如会着急，或者爱贬低，又或者忽略等。很多妈妈自己非常努力的自我成长，才能有一些改变。实际上面对幼小的孩子的时候，我们每个人都会不自觉地投射出自己幼年的经历在互动里。我不是说小时候生活凄惨或者成长经历曲折复杂的人不能成长为一个温柔平和的育儿嫂，而是如果有得选的话，为什么要冒这样的险呢？

一个特别的小技巧是：请注意她听到这个问题后一瞬间的表情是怎么样的，以及你看到之后的直觉感受。这也许比她怎么回答更重要。尤其是当你的感受很不舒服，但她的回应却是非常简单的“特别好”的时候。

4. 为什么出来做育儿嫂？

这个问题没有标准答案，但不建议选择回答某个让你特别不舒服的答案的人。

比如有一位面试者特别吊儿郎当地回答：还不就是为了钱嘛！她可能觉得自己非常坦诚，但她当时的话语和表情让我和先生特别难受。我们没有聘用她。

我比较喜欢的答案是，我喜欢跟孩子相处，想要做擅长的事情也希望赚钱。如果说的时候她神情放松，我心里会悄悄加分。

5. 如果孩子摔倒哭了怎么办？请用动作演示一遍。

特别优秀的答案是陪伴孩子哭一会儿，稍加安慰，分析为什么摔倒。也很不错的答案是抱起来哄哄，说下次注意。比较糟糕的做法是打地面说地面坏坏，谁让你撞到宝宝了。

这道题不只是看育儿方法，更重要的是看育儿嫂的归因类型。打地面的育儿嫂可能会有“我遇到挫折是因为世界对不起我”这样的归因。可能是合作中潜在的风险点。

6. 如果宝爸宝妈对带孩子的意见不统一，吵架了，你怎么办？为什么？

这道题考查的是育儿嫂的界限感。一个家庭里，夫妻是对孩子养育方式有最终决策权的人。如果夫妻间有矛盾，那么请小两口自己先内部解决。

7. 如果你和我们意见达不到统一，怎么办？

标准答案：育儿嫂提供建议，最终按家长说得来。

8. 你会做饭吗？做家务可以吗？可以值夜班吗？说一个拿手菜的做法？……

这个问题主要看育儿嫂和你需要的功能是否匹配。不要太相信中介的说法，要直接在面试的时候问育儿嫂会不会做什么。如果你需要会做菜的人，那么可以问她拿手菜。观察她回答的时候是否条理清晰且从容自信。

9. 上一份育儿工作做了多久，为什么离职？什么样的情况会让你想走？

这个问题看育儿嫂的稳定性，也看你家人和育儿嫂是否能匹配。有一位育儿嫂离开上一家是因为那家负责做饭的老人吃素，而她无肉不欢。我考虑我家可以充分供应肉食。事实证明后来我们相处还是比较愉快的。在吃货眼里，没有什么话是不能一顿红烧肉说开的，如果不行，那就两顿！

10. 你有没有什么想要问我们的？你有没有什么需求？

很多育儿嫂会说，我没什么要问的。这时候你需要确认她的需求。能够在合作之前谈妥尽量多的风险点，有利于之后少折腾。我建议至少问一下休假 / 饮食习惯 / 居住需要 / 每天休息时间。

通过询问以上这些问题并观察对方回答时的反应，我相信你能够筛选出一些合格的育儿嫂。但至于这些育儿嫂中哪一位与你和你的孩子最为匹配，还需要通过试用期间的直接接触才能知道。在试用期间，我们需要重点观察育儿嫂与孩子互动时的情感流露，而并非她的“专业技能”，比如给孩子做被动操是否熟练，或者做的辅食是否美味。“专业技能”很重要，但不如与育儿嫂是否喜欢和孩子待在一起那么重要。

有一些人不喜欢孩子，这很正常。但我们不希望由一个不喜欢孩子的人来当我们的育儿嫂，不管她声称自己多么擅长早教或能够多么熟练地照料孩子起居。不喜欢孩子的人在与孩子相处的过程中会不经意间采取冷漠，甚至冷酷的对待方式。当孩子制造麻烦时，这类人无法包容孩子；当孩子伤心哭闹时，这类人也无法耐心安抚孩子。这是因为她们内心中“母性”的部分尚未发展起来，这跟她们自己有没有孩子关系不大。母性人格是我们对他人付出容纳与关怀的人格部分。这些人的这一部分人格比较欠缺，无力容纳和关怀别人，可能是因为天生宜人性[①]较低，天性冷峻，无法对他人感同身受；也有可能是因为从小没怎么得到过照料者温柔、关爱、理解与照顾，在成长过程中没有机会认同这样一个客体并把它融入自身；还有可能是因为自己有些伤口还在隐隐发痛，有些需求一直嗷嗷待哺，自己还半伤半残的情况下很难始终如一地关爱另一个人，有时可以咬咬牙给一点儿关怀，但很快爱的电量就空了。我们要找的是一位母性人格发育健全的育儿嫂，因为这样的育儿嫂能够为孩子打上温暖而具有安全感的生命底色。如果一位育儿嫂只有精湛的专业技能却没有对孩子的喜欢，那么我不会放心把我的孩子交给她。

这就需要我们观察育儿嫂与孩子互动时举手投足之间的情感流露。当你觉得育儿嫂在你面前对待孩子时表现得很刻意，常常在不经意间流露出勉强、冷漠甚至厌恶的神情时，那么你可能需要换一个人选了。

另外，我们也要观察育儿嫂是否能从与孩子的相处过程中

---

① 在“大五人格特质”理论中，宜人性高的个体会有更多的利他行为，更富有同情心，更喜欢合作而非竞争。而宜人性低的个体则更多疑、不友好，在社交关系中更喜欢操控他人。

获得乐趣。带孩子非常辛苦，只有喜欢孩子的人才能够在辛苦之外收获点滴乐趣。如果一个人不喜欢孩子，那么育儿嫂这份工作仅仅是为了钱而忍受的苦役。这种心态在其他工作中没有任何问题，但与婴幼儿相关的职业有其特殊性。因为婴幼儿在大人面前极为弱小，生命早期的体验对他们有很大的影响，可他们又很难清晰地表达出自己的经历与感受，所以这对从业者的心理状态提出了特殊的要求。我不希望我聘请的育儿嫂怀抱着“因为你是我赚钱的工具，所以我才不得不忍受你”的心态来与我的孩子相处。当你通过观察，感受到育儿嫂向你的孩子表达关爱时表现得很自然，而且她也能够从与孩子的日常相处中感受到乐趣，那么这基本可以断定她的母性人格部分是健全的。

我请的育儿嫂是一位 34 岁的年轻妈妈，她有两个孩子，大的上小学六年级，小的 3 岁了。在我与她视频面试的过程中发生了一件小插曲。她在与我谈话时，3 岁的女儿跑过来想要找她玩，她柔和地告诉女儿“等一会儿，妈妈现在有事。”可是孩子不依不饶，她实在没办法，就跟我打了个招呼，然后离开镜头，先去把女儿安顿好，再回来继续面试。虽然这是面试时本不应该出现的意外事件，但我从中看到她即使在着急的时候也能够温柔地对待孩子，这让我内心中默默地为她加了分。在她来我家上班之后，每天都会带空空去户外玩耍。玩好回来后，她时常会津津乐道地告诉我刚才他们在外面玩耍时发生的趣事。这让我感受到，她是喜欢与孩子相处的，而非单纯是为了钱而忍受与孩子的相处，这也让我逐渐放心地将孩子交给她照料。

当你试用了某位育儿嫂之后觉得不满意，请果断地向中介提出更换人选，以便尽快找到心仪的育儿嫂。找到心仪的育儿嫂之后我们便可以与她长期合作，让她成为孩子的一位稳定的重要他人。而你也可以利用她为你创造出的“不受打扰的整块时间”进行放松、学习与创造。你的心情会因此改善，整个大家庭的关系也会获益。

【练习 5.2】　我是否请到了合适的育儿嫂？

1. 你觉得目前的育儿嫂在与你的孩子相处时，会表现得很刻意，甚至在不经意间流露出勉强、冷漠甚至厌恶的神情吗？

____

____

2. 你觉得目前的育儿嫂能够从与你的孩子的相处中，获得点滴的乐趣吗？

____

3. 如果满分为 10 分的话，你想给目前的育儿嫂打几分？为什么？

____

____

与育儿嫂的相处

上一节讲的是如何找到一位心仪的育儿嫂为我们分担烦琐的育儿重任。筛选出心仪的育儿嫂只是这场合作的起点，而非终点。在我们找到一位很棒的育儿嫂之后，在与她的点滴相处中仍然可能会产生一些问题。本节将分析一些与育儿嫂相处过程中雇主可能会有的具有代表性的心理：不信任、嫉妒与贬低，并讲解如何应对这些心理，让你能够与优秀育儿嫂和谐相处。

1. 不信任

我在小红书上曾看到过一些妈妈发帖子说，她们发现育儿嫂携带不明药物在身边，而且育儿嫂上户之后宝宝变得异常嗜睡。她们怀疑育儿嫂为了降低工作量，偷偷给宝宝吃了具有安眠作用的药物。这些妈妈没有直接证据证明育儿嫂的行为，但她们在育儿嫂的包里发现了药物，而且在询问育儿嫂时看到对方神情躲闪，防御心重，所以有了如上的判断。

我看到这些帖子后感到一阵恐慌。虽然空空夜间是和空爸睡的，很是安全，但育儿嫂负责空空的午睡。根据经验，空空午睡时也会经常醒来，需要大人哄他才能接觉。那么育儿嫂会不会为了方便省力，而偷偷给空空服用药物，让他睡得久一点儿、熟一点儿，这样自己就能轻松地度过几个小时呢？

看到这些帖子时，育儿嫂带空空出去玩儿了，她的包就放在我家玄关处。我知道他们至少还有一个小时才会回到家。我要不要检查一下育儿嫂的包，看看有没有不明药物藏在里面？

我犹豫了一会儿，最终决定不要这样做。因为包里装了什么是育儿嫂的隐私。就像我不希望她在我不在时翻家里的抽屉一样，我也不应该趁她不在时翻她的包。我问自己，从育儿嫂平时的表现来看，我能信任她吗？我认为是可以的。既然从与她的点滴相处中我感受到她是值得信任的，那我为什么要仅仅因为看了网上的帖子就收回信任，甚至趁她不注意去侵犯她的隐私呢？如果我认为她不值得信任，那么我根本就不应该与她继续合作，而是应该及时更换育儿嫂。我决定相信自己的感受，继续充分信任育儿嫂，与她合作。

总的来说，我建议读者在与育儿嫂合作时也采取“疑人不用，用人不疑”的态度。如果你直觉上觉得眼前的这位育儿嫂有什么地方不对劲，比如像上一节中提到的，你觉得育儿嫂在与孩子相处时毫无乐趣，且表现得很刻意，那么请相信你的直觉，不要将就，尽快换人。而如果育儿嫂通过了上一节中提到的那些观察重点，你直觉上也觉得她很可靠，那么我建议尽量给予信任，这既能为双方的合作创造良好的氛围，也能让你心态放松，去享受育儿嫂带给你的便利，而非疑神疑鬼，想要监视育儿嫂的一举一动，反而作茧自缚。

有人问，一方面我想要信任育儿嫂，但另一方面我还是想装个摄像头，怎么办呢？毕竟装了摄像头之后，万一孩子磕碰了、摔跤了，我们也好知道是怎么回事。

我认为这完全合理。虽然我家将“疑人不用，用人不疑”的态度贯彻到底，没有装任何摄像头，但我非常理解有些家长想要装摄像头，不管是为了监督育儿嫂的工作，还是为了排除安全隐患，或者是为了在想念孩子的时候可以随时看到孩子。如果你装了摄像头，那么可以在合作初期便告诉育儿嫂摄像头的位置，相信大多数育儿嫂都可以接受。除非你高度怀疑育儿嫂干了什么坏事，并且想要搜集证据，请不要装隐形摄像头且隐瞒摄像头的位置，这是对育儿嫂的不尊重。如果你察觉到自己的这种怀疑并非仅仅针对育儿嫂，相反，你经常怀疑所有与你深度合作的人背地里干了什么坏事，且这对你的人际关系和情绪产生了负面影响，那么建议你寻求心理咨询师的帮助。

2. 嫉妒

当我们找到一位值得信任的优秀育儿嫂之后，发现她确实将孩子照顾得不错，孩子也与她越来越亲密，此时，我们最有可能产生的心理是“嫉妒”。

有一次空爸对我说，前一天晚上育儿嫂正要下班离开，他听见她在跟空空告别时口误了一下。她说：“妈妈明天……阿姨明天再来找你玩儿哦。”我知道这只是育儿嫂的普通口误，但我的心中还是略微泛起了涟漪。一方面我知道育儿嫂喜欢空空，乐于照顾空空才会这样脱口而出，另一方面我也有点儿不高兴：孩子会不会真的把她当作妈妈，和她最亲呢？随着育儿嫂来到我家工作的时间越来越长，空空也肉眼可见地与她越来越亲近。虽然我知道这是好现象，因为这证明空空得到了育儿嫂的良好照顾，但每当我和育儿嫂在一起时，难免会格外留意到空空笑着扑进她的怀抱，空空伸长了手臂要育儿嫂抱抱，空空在育儿嫂面前含含混混地喊“ma……ma”的瞬间。

有些妈妈为了避免这样的时刻发生，宁愿什么事都亲力亲为，也不愿让孩子跟育儿嫂有过多的共度时光，或者一旦发现孩子与育儿嫂之间“过于亲密”，就直接换个育儿嫂；

有些妈妈会对孩子撒气，在孩子来找她时会故意对孩子说：“你不是喜欢阿姨吗？你去找阿姨呀，不要来找妈妈。”

还有些妈妈会有意无意地在孩子面前贬低育儿嫂，向孩子凸显自己“高人一等”的家庭地位。这种贬低行为我们将在下文中讲解，这里先分析一下这些行为背后共同的心理：嫉妒。

就像在上一章中庄女士深陷在与婆婆的“较量”之中一样，这类嫉妒的妈妈也陷入了与育儿嫂的较量。她们觉得自己的“妈妈宝座”岌岌可危，育儿嫂在与自己“竞争上岗”，而孩子对育儿嫂流露出来的依恋显示自己在这场竞争中“快要输了”。此时她们的内心会有这样的声音：“明明是我辛苦怀胎十月生下来的孩子，明明我也付出了很多，凭什么孩子那么喜欢你？”“你把孩子对我的爱抢走了，孩子对我的爱自此就少了几分，以后孩子不会百分百地依恋我了。”“在孩子眼里，我会不会还不如育儿嫂对他好？这还得了？！”

这些声音背后都有共同的心理根源，那就是“难以相信自己有着值得被爱的独特性”。即使当了妈妈，成为对孩子来说世界上最独一无二的重要他人，也无法相信自己不会被取代。正是出于这样的心理，这类妈妈在发现孩子对其他人也感到依恋时就会焦虑。要么即使让自己累得半死，也要牢牢把握住孩子生活的方方面面，要么就赌气把孩子推开：“你不是喜欢她吗？那你去找她呀！”如果你觉察到自己有这样的心理，那么我想说，觉察本身就已经很了不起了。觉察是一种承认，也是一种面对，是脱离这种心理的第一步。

接下来我们要做的，就是即使心里被这种感受推得踉踉跄跄，在外部也要稳稳地站在原地。既不尝试捆住孩子，赶走育儿嫂，也不尝试推开孩子，把孩子赶去育儿嫂那里。而是继续使用与感谢育儿嫂对孩子的良好照顾，同时也试着相信：自己永远是对孩子来说最无可替代的母亲。如果你一直以来都难以相信自己有着值得被爱的独特性，总是害怕一个疏忽就会失去别人对你的爱，那么你很有可能会把这种感受带到你与孩子的关系中，继而觉得是育儿嫂“偷走了”孩子对你的爱。你可以考虑接受长期的心理咨询。如果目前条件不允许，也没关系，有所觉察就已经很好了！

3. 贬低

很多时候，贬低生发于嫉妒，而欲图掩盖嫉妒。这是上文所述的嫉妒心没有得到良好处理的情况下，可能会发生的一种情况，即在与优秀育儿嫂合作期间，孩子对育儿嫂产生了依恋，此时妈妈并不赶走育儿嫂，但是会有意无意地想要胜过育儿嫂一头。

这类妈妈所表现出的行为包括在育儿嫂面前流露优越感，以及在孩子面前贬低育儿嫂。比如对孩子说：“今天这套衣服是阿姨帮你搭配的吧？太不好看了，阿姨的审美真土，把你打扮成这个样子，哎……”“你以后要好好读书哦，不好好读书，就会像阿姨一样去别人家做用人。”这种贬低生发于上文所说的嫉妒，因此也有着同样的心理根源，即对自己值得被爱的独特性感到不自信。当你无法相信自己有着值得被爱的独特性，而你爱的人似乎对别人流露出了爱意，那么你便会试着摧毁那个人身上所有值得被爱之处。你所表现出的行为从外表上来看，便是这种有意无意的贬低和攻击。

我强烈建议你避免这样的言行。当育儿嫂花大量时间给孩子换尿布、洗澡、喂饭、陪孩子玩耍等，并在这个过程中温柔地对待孩子，那么孩子在这些大量的日常养育互动中对她产生依恋是非常正常的，因为她真的就像孩子的“第二个母亲”。当孩子敏锐地察觉到你对育儿嫂的贬低，他将不得不在你面前隐藏起他对育儿嫂的真实情感。而且他将在内心深处意识到，自己的依恋对象之一在这个家庭中的地位是低下的。我们都知道，在成长过程中，孩子会逐渐认同他的养育者，即将养育者的某些人格部分吸纳到自己的人格之中。母亲与育儿嫂都是孩子依恋的对象，当母亲贬低育儿嫂时，他将难以整合对这两位相互对立的养育者的认同，这会对孩子的人格整合有不利影响。当然，除此以外，这种言行也会损害你与育儿嫂的合作关系。

当我们知道这种贬低所造成的不利影响之后，我们首先需要克制自己做出这种言行。其次，我们要试着去看到和承认我们欲图贬低的人身上有哪些值得欣赏的特质。比如我能够看到我们家的育儿嫂在处理孩子之间的矛盾时比我更为圆熟。有一次空空在沙坑里玩铲沙子，一个小哥哥过来二话不说把铲子从空空手里拿过去，自己拿着玩儿。空空不是那种会哇哇大哭或者抗议的小孩，他只是在旁边干瞪眼，然后用眼神求助我。而我一时也傻眼了，不知道该怎么介入。最后还是育儿嫂接上话，她很自然地说："小哥哥，你要玩铲子，要跟我们打声招呼哦，你看你把弟弟都吓到啦。"

因为我一直以来在处理孩子之间的社交方面都很笨拙，我不希望空空继承我的这一特质，而育儿嫂则因为自己有两个孩子，也跟很多其他孩子打过交道，经历过很多孩子之间的争执场面，所以她面对这些场景时远没有我那么僵硬。每当我看到孩子与育儿嫂越来越亲近时，我会想到，他通过对育儿嫂的依恋，能够从育儿嫂身上学习到一些我并不具备的经验和品质，这其实是一件好事。这样想来，我便能够更好地接受孩子对育儿嫂的依恋。

【练习 5.3】　与育儿嫂相处过程中的问题

1. 假设你对目前的育儿嫂非常满意，但你仍然觉得自己在与她相处的过程中有一些问题，你觉得以下哪些因素起了作用？

- ☐ 不信任
- ☐ 嫉妒
- ☐ 贬低
- ☐ ________________
- ☐ ________________

2. 选取你在上一题中打钩的一项因素，思考一下，这项因素在你的其他人际关系当中存在吗？你觉得自己原本就存在的心理内容如何与跟育儿嫂相关的现实内容相互作用，产生了你勾选出来的这项心理状态？

____

____

在本章中，我们探讨了聘请育儿嫂的成本与收益，也分析了如何筛选与识别优秀的育儿嫂，让家长能够尽量放心地卸下身上的育儿重担。当然，在请到优秀育儿嫂之后，我们仍然有可能在与她相处的过程中遇到问题。许多新手家长一方面很想要找到合适的育儿嫂，一方面又害怕找到合适的育儿嫂，正是因为害怕在与育儿嫂相处的过程中产生种种别扭心理。所以我在本章中，分析了一些常见的导致问题的心理现象，希望能够帮助你拥有更和谐顺畅的合作育儿体验。现在，我们来到了这本书的尾声，让我们一起回到起点，看一看我写下这本书的初心。

结语

我有一位来访者是一位年轻的母亲。她在情绪最低谷的时刻找到我，开始做长程心理咨询。当时她的孩子 1 岁多，她每天都处于对过去的愤恨、对当下的焦虑和对未来的茫然之中。我们每周谈话一次，在合作了两年之后我暂时离开去休产假，那时她的情绪已经好了很多。后来当我结束产假恢复咨询工作时，我们再次见面。她对我说：“在你休产假期间，我看到你写的那些你作为新手母亲所遇到的困难。我很吃惊，没想到你（身为心理咨询师）也会遇到那些困难。我意识到，原来不是因为我很差，才会陷入那些困难。这让我感觉好了一些。”

我点点头说：“成为母亲的经历让我知道，我之前低估了你所面临的困境的难度。”

这位来访者哭了。也许，即使在穿越困境之后，困境的困难程度得到充分的承认，对她来说也是有疗愈性的。

只有当我成了母亲之后我才发现，不管是在家庭中，在社会上，还是在心理咨询理论中，新手父母，尤其是新手母亲所面临的困境从来都没有得到充分的承认。

在家庭单元中，各种过来人会对新手父母说："忍一忍，等孩子长大了就好了""大家都是这样过来的，为什么你不可以呢？"

在社会的宣传中，父亲应该是家里的顶梁柱，母亲则应该永远坚韧又温柔。双方应该亲密无间，无怨无悔地把孩子拉扯长大。

在心理咨询理论中，关注点则总是侧重于"因为妈妈做错了什么，所以害得孩子变得如何了""妈妈应该做到怎样，才能让孩子不受创伤、健康成长"。

每一个环节都在强调我们应该成为怎样的父母，却从没有人告诉过我们，成为新手父母将会遭遇多么大的困难。可是，如果既没有人承认我们的困境，也没有人帮助我们改善困境，我们又怎么能够成为我们"应该"成为的父母呢？

这本书首先想要做的，就是告诉新手父母，不是因为你很差，所以才会觉得这么艰辛，而是因为孩子出生的头几年里真的很难。我希望充分承认孩子出生后新手父母将面临的困境，不管是自我照料上的困难，伴侣关系中的困难，亲子关系中的困难，还是合作养育过程中的困难。

在困境得到承认和理解之后，困境才有可能得以改善。与芸芸育儿书不同，本书希望新手父母将目光转向自身，帮助他们改善自身的情绪、亲密关系、家庭关系以及与他人的养育合作。

本书的最终目的，不是让你成为育儿书上的标准父母，而是让你成为具有自身独特风格的“及格且快乐”的父母，让你的孩子成长在一个情绪稳定、关系和睦的家庭氛围之中。

如果你阅读了所有内容，并且做了练习题，那么你调节情绪、应对育儿压力以及解决育儿冲突的能力一定有所提升。但我想要提醒你，不仅仅是你的技能提升了，你的孩子也将从本书间接地习得一些技能，包括：

捍卫自己的需求，并在此基础上与他人协商合作的技能；

明确表达自己的期待，用成熟的方式掌控体验的技能；

与爱人在人生波涛中共建亲密关系的技能；

看到自己和他人的闪光处，给予自己和他人真诚的夸赞和感谢的技能；

承认对方的情绪，觉察自己的情绪，进而解决冲突或搁置争议的技能；

关爱自己的感受，接纳自己的极限，不让过多的压力压垮自己的技能；

即使在人数众多、关系复杂的情景中也游刃有余的技能；

成熟考虑某项花费的长期成本与收益的技能；

识别合适人选、与其长期合作的技能；

…………

就像第 2 章中所说的，身教永远大于言传。孩子能够学会以上这些技能，并不靠你的说教和讲理，而是靠你日复一日地亲身实践和示范。而阅读本书，就是你习得这些技能并将它们融会贯通，应用于育儿每一天的起点。

现在，你与我的共同旅程要结束了。谢谢你作为新手父母，愿意在百忙之中抽出时间，与我共度这段关爱自我、调节身心、改善关系的阅读之旅。如对本书有任何想要补充的内容，或有心理咨询的需求，请发邮件至：mengjietherapy@outlook.com。也欢迎你探讨对于阅读本书的感受，我看到的话会积极转发。希望本书陪伴你穿越那些育儿黑暗时刻，见证你作为新手父母的成长与蜕变。

欢迎关注“大心脏排排”公众号